家庭食譜四編

第一章　點心

第一節　水桃酥

材料

乾麪一升。　菜油一碗。　白糖六兩。

器具

平底鑊一只。　爐一只。　五箇圓形板一塊。　刀一把。　有柄鐵鍋一只。　盤一只。

製法

將麪粉用蒸熟之菜油及白糖一同搨拌。粉須略帶硬爽。放入圓形板內撳結。再用刀削平。脫出。然後攤入平底鑊中。燃火熯之。另以有柄鐵鍋合在火上燒熱。覆合烘之。爐內再燃一箇草團即佳。

注意

本食品形如龜裂細紋。食之酥鬆而可口。

第二節　杏仁酥

材料

麪粉一升。　甜杏仁二兩。　白糖六兩。　葷油一碗。

器具

平底鑊一只。　爐一只。　有柄鐵鍋一只。　缽一只。　圓形模一塊。

刀一把。　盤一只。

製法

將麪粉加白糖葷油入缽拌上。粉宜略硬。摘塊搓成圓形。放入模內。用手揿之。脫出。上加杏仁三四粒。攤入鑊中。用兩箇火盆上下烘之。片刻卽成。

注意 本食品形同水桃酥。惟略爲大也。

第三節 蔴糰

材料 白芝蔴半升。糯米粉二升。荳砂一碗。豬油四兩。

器具 油鍋一只。火爐一只。鐵絲爪籬一把。盤一只。

製法 將糯米粉用水拌和。摘成糰殼。搓圓搦空。中包荳砂餡及二三糖洧豬油小塊。用左手托住。右手以大拇指食指捺緊搭牢。再搓成圓形。四周滾以白芝蔴。然後投入熱油鍋煠之。煎至四面皆黃。卽就。

注意

若不用甜心。用鹹餡（即肉餡）代之。皆可隨意行之。

第四節　油癩糰

材料

糯米粉一升。　眞粉一杯。　菜油二斤。　白糖半斤。

器具

油鍋一只。　火爐一只。　鐵絲爪籬一把。　盤一只。

製法

將糯米粉用眞粉清水拌和。摘成塊塊。用手擻成長方形。然後兩手絞轉。入熱油鍋內煠之。煠至黃透。撈起瀝乾油質。乘熱拌以白糖。務使四周徧塗白糖。食之甚爲甜韌。

注意

本食品用眞粉。可以氽來發足。

第五節　荸薺糕

材料

嫩荸薺三斤。　菉荳粉半升。　白糖三兩。　葷油三兩。

器具

鍋一只。　爐一只。　刀一把。　銅鉋一箇。　鏟刀一把。　缽一只。　洋盆一只。

製法

將荸薺摘去其芽。用刀扦皮。再用銅鉋刮成漿汁。拌以菉荳粉。使成薄糊。然後倒入油鍋中。用鏟刀徐徐攪之。見其已經濃厚。加下白糖。不滿三四分鐘。盛起涼冷。俟凝結後切成長塊。再用葷油煎之。味美勝逾荸薺餅。

注意　材料用藕。昭之尤爲可口。

第六節　麥糕

材料　小麥一升。　玉盆糖一斤。　紅綠絲若干。　桂花香料少許。

器具　鍋一只。　爐一只。　鏟刀一把。　淘籮一只。　木盤一只。　刀一把。　盆一只。

製法　將小麥浸胖。入籮淘淨。入鍋加清水煮之。燒成薄粥。然後和以白糖。同時再加桂花。再燒一透。鏟入盤內。上面以紅綠絲鋪面。俟冷凝結。用刀碎成條塊。裝於盆中。餘之其味清爽適口。

注意
紅綠絲卽對丁。

第七節　葡萄糕

材料
葡萄乾一小包。　糯米粉一升。　玉盆糖六兩。　豬油二兩。　桂花香料少許。

器具
鍋一只。　爐一只。　甑籠一只。　缽一只。　刀一把。　筷一雙。　盆一只。

製法
將糯米粉同白糖加清水入缽拌好。然後放入甑中。蒸之甫透。啟籠加以葡萄乾桂花及白糖滷之豬油小塊。撳平鋪在面上。再闔甑籠。燒一二透。即可啟籠。用刀塊切之。顏色黃白紫相間。非常美觀也。

注意

葡萄乾有有核無核二種。味皆甘香。含有天然之鐵質與糖質甚富。

第八節　菉荳糕

材料

菉荳一升。　荳砂一碗。　豬油六兩。　白糖四兩。

器具

鍋一只。　爐一只。　鏟刀一把。　缽一只。　模型一具。

製法

將菉荳浸胖。入鍋煮爛。去其殼皮。和入葷油白糖等拌之。然後包以荳砂餡。入模型刻成牌塊。即成菉荳糕。酥甜清香。可以果腹充飢。

注意

本食品內包荳砂餡。加以白糖洧之豬油小塊尤佳。

第九節　穀荳糕

材料

穀荳二升。　麪粉二升半。　黃糖一斤半。

器具

砂鍋一只。　風爐一箇。　鏟刀一把。　盤一只。

製法

將穀荳洗淨。加清水下鍋。煮爛成酥。卽可放入麪粉黃糖。用鏟調和倒入盤中。以手搓成肉餅子狀。冷食亦佳。

注意

鄉間輒於中元節。以之祭祖。亦風俗也。

第十節　板油糕

材料　板油一斤半。　糯米粉五升。　白糖三斤。　桂花香料若干。

器具　鍋一只。　爐一只。　籠一只。　小甑一只。　盤一只。　刀一把。　盆一只。

製法　將糯米粉用白糖拌濕。上小甑蒸熟。乘熱取出搦和。中間夾以豬油捲好後。糕面上再按着豬油桂花。藏於盤內。未幾。用刀切片。鋪在盆內。蒸沸騰後餤之。味頗肥美。

注意　板油糕有紅白二種。再有用薄荷做成者。名曰薄荷板油糕。色帶淡黑。而味清涼。

第十一節　條頭糕

材料　糯米粉一升。白糖六兩。桂花香料少許。

器具　鍋一只。爐一只。小甑一只。磁缽一只。刀一把。盤一只。

製法　將糯米粉同白糖溫水拌好。上甑蒸熟。倒入磁缽內用力搗之。以極和爲度。然後搓成長條。用刀切三四寸長之條子。攤入盤內。按上桂花。卽可食矣。冷食熱食均佳。

注意　熱天可免用溫水而用冷水矣。

第十二節　醬黃糕

材料　蠶荳一升。乾麪粉一升。白糖少許。

器具　鍋一只。爐一只。鏟刀一把。缽一只。盆一只。

製法　將蠶荳浸一夜。剝成荳瓣。入鍋加清水煮之。煮爛成糜。盛入乾麪缽內。俟稍冷拌之。然後用刀切成條塊。上鍋蒸透。蘸糖食之。亦可充飢。

注意　本糕爲做甜醬之作料。大都在做醬時食之。平時不食。

第十三節　木梳糕

材料　糯米粉半升。黃糖四兩。菜油桂花少許。

器具
鍋一只。　爐一只。　鏟刀一把。　缽一只。　盆一只。
製法
將糯米同燒烊之黃糖水拌和。惟黃糖水須用爪籬漏脚。以防有砂質夾在其間。食之不佳。再放少許桂花。用手搓圓捺長。成長條狀。然後入鍋加菜油煎之。（爲經濟計。用水花油亦可。）煎黃後。加清水煮熟。啟蓋取食。其味平常。
注意
本食品名木梳糕。而形獨異。不知何所見而云然。

第十四節　棗泥餅

材料
糯米粉一升。　紅棗子一斤。　文冰四兩。　松子肉一兩。　瓜子肉一兩。　胡桃肉一兩。　桂圓肉一兩。　豬油二兩。　桂花二錢。

器具

鍋一只。　爐一只。　淘籮一只。　臼一只。　缽一只。　碗數只。

製法

將紅棗入鍋煮熟。用淘籮擦去其皮。取出棗核。連汁搗成棗泥。再加水煎之極爛。遂成薄漿。同糯米粉拶和。搓長以小塊。用文冰松子肉瓜子肉胡桃肉桂圓肉豬油桂花等混合一處。研成細粒。內裹作餡。搓成圓形。入鍋蒸之。蒸熟。即可噉矣。

注意

本食品之色之香之味。埒於續編之棗糕。

第十五節　酒釀餅

材料

白麪粉二升。甜酒釀一缽。玫瑰醬一碗。白糖六兩。鹼水少許。

器具

平底鑊一只。炭爐一只。缽一只。刀一把。碗一只。

製法

將白麪粉和甜酒釀。加些清水拌和。灑些鹼水。待其發酵。卽可搓長切成小塊。用手捺扁。包入玫瑰醬和白糖。搓圓捺扁。入鑊烘之。烘黃可食。

注意

若用白酒脚作酵。用豬油作心。亦美。

第十六節　山芋餅

材料

山芋粉一升。

器具

鍋一只。爐一只。甑一只。鉢一只。碗一只。銅環一箇。

製法

將山芋粉先入鉢中。和以清水一碗。拌成乾燥適宜之漿糊。用銅環（厚約一二寸）將粉撳結。即成圓餅。然後裝入甑中。上鍋蒸之。蒸熟即可啖矣。

注意

若加藏甜鹹等餡。食之亦味美。山芋富有小粉質。爲根菜植物。

第十七節 蕎粉餅

材料

蕎粉一碗。葷油半兩。醬油半兩。大蒜葉二枝。

器具

鍋一只。爐一只。鏟刀一把。小鉢一只。筷一雙。碗一只。

製法

將蕎粉加熱水入鉢拌和。用筷向一面攪和。順着絲縷搠去。然後攤入鍋中。煮成薄餅。乃以手撕成小塊。加葷油煎之。旋加醬油。起鍋再加大蒜葉屑。噉之能使口角生津焉。

注意

本食品在攪拌時。不可逆攪。烹調者注意。

第十八節　蟹殼餅

材料

麪粉一升。　豬油二斤。　酵粉半杯。　食鹽青葱少許。　白糖六兩。

白芝蔴三合。

器具

火爐一只。　鉢一只。　趕鎚一箇。

製法 將麪粉酵粉和葷油。加以食鹽青葱拌和之。然後摘成小塊。包以白糖豬油小塊。用趕鎚滾成餅子。面上徧塗白芝蔴。入爐烘熟。啖之酥鬆可口。

注意 本食品再可以不用白糖豬油心而用鹹醿。葷油易以蔴油拌之。亦能成酥。

第十九節 葡萄餅

材料 乾麪粉二升。葡萄乾四兩。葷油一斤半。板油半斤。玉盆糖十兩。桂花香料少許。

器具

烘架一箇。　炭爐一只。　磁鉢一只。　趕鎚一箇。　盆一只。

製法

將乾麪粉分爲二份。一份占一升二合。一份占八合。再以一升二合之粉。用油三水七拌濕。以八合之粉。用油七水三拌濕。然後搓成長條。摘成相等塊數。以大者包其小者。一如糰然。再扁之。趕長。用手捲之。豎直撳扁。包以葡萄乾白糖板油桂花等爲餡。做成薄餅。即上烘架。以炭火烘之。候黃即成。

注意

食之極易消化。功能補血。

第二十節　藕夾餅

材料

腿花肉一斤。　筍屑一杯。　蝦仁一杯。　蝦子醬油一兩。　陳黃酒一兩。食鹽葱薑少許。嫩藕二枝。麪粉漿一大碗。葷油一斤。

器具

油鍋一只。爐一只。刀一把。大碗一只。筷一雙。大洋盆一只。

製法

將腿花肉同筍屑蝦仁用刀剁爛。入碗加下醬油黃酒葱薑等拌之。再將藕刮皮後。擦以食鹽。須臾。切成一分厚之薄片。再剖爲二。不可剖斷。相連處約闊三四分。中間夾以肉腐。卽入麪粉碗滾之。然後放入熱油鍋中汆之。至黃熟卽佳。

注意

汆時須時時翻動。以免焦枯。

第二十一節　湯包餅

材料

乾麪一升。　青葱五枝。　食鹽二錢。　赤砂糖六兩。　菜油少許。

器具

鍋一只。　爐一只。　鏟刀一把。　刀一把。　磁鉢一只。　盆一只。

製法

將乾麪加葱屑鹽花和淸水拌之。摘成大小適宜之塊。搓成圓形。包以砂糖餡。入鍋加水花油煎之。再加砂糖水煮之。煮熟可食。其味椒鹽甜鹹適口。

注意

若用黃糖。烊糖水後必須濾脚方可。

第二十二節　二鋪麪餅

材料

二鋪麪半升。　石灰水少許。　食鹽一撮。　黃糖三兩。

器具　飯鍋一只。爐一只。鑝刀一把。盆一只。

製法　將二鋪麪和以石灰水食鹽清水拌濕。中包黃糖爲餡。搓圓捺扁。貼於飯鍋四周邊上。然後蓋鍋蓋煮之。飯熟亦熟。本食品爲粗點心。味不甚佳。聊以充飢耳。

注意　二鋪麪卽麩皮麪。拌來須帶濕。包時須緊閉。否則糖露漏出矣。若糖中加些乾麪粉。可免此患。

第二十三節　糖糟餅(二)

材料　淘米粉一升。酒釀糟半杯。赤砂糖六兩。菜油一兩。桂花香料少許。

器具

鍋一只。 爐一只。 鏟一把。 缽一只。 盆一只。

製法

將淘米粉和酒釀糟加淸水拌濕。摘成塊塊。搓成圓形。然後入鍋加菜油煎之。煎至兩面稍黃。加下赤砂糖桂花及淸水。闗蓋燒二透。卽可供食矣。

注意

淘米粉卽糯米粉。菜油不必用來過多。如用水花油亦可。水花油卽油中加淸水成之。

第二十四節　糖糟餠(二)

材料

糯米粉一升。　豬油三兩。　白糖二兩。　赤砂糖半斤。　桂花香料少許。

器具

平底鍋一只。　火爐一只。　鏟刀一把。　磁缽一只。　盆一只。

製法

將糯米粉加清水拌之。拌濕後。做成糰子。中包以白糖豬油桂花等。然後將赤砂糖烊成水。先入鍋中。再將糰子放入。上面再加砂糖蓋面。關蓋燒熟。其味甜香可口。

注意

拌粉用水。以時令爲反比例。如夏時用冷水。冬時用溫水。此不易之法也。

第二十五節　杏仁湯（二）

材料

甜杏仁半升。　苦杏仁五六粒。　玉盆糖三兩。　桂花香料少許。

器具

鍋一只。　爐一只。　臼一只。　鏟刀一把。　調羹若干把。　杯子若干只。

製法

將甜杏仁苦杏仁用水浸一日。剝去皮尖。用臼舂之成泥。然後入鍋加清水煮之。燒一透。加以白糖桂花。用鏟徐徐攪之。候其濃膩。即可分杯盛之。杯中置一匙。以供取飲。吾鄉酒席上。常作各客點心之用。

注意

苦杏仁不可多用。以防有毒質而損人也。

第二十六節　杏仁湯(二)

材料

甜杏仁一碗。苦杏仁五粒。糯米一碗。玉盆糖半斤。牛奶少許。

器具

鍋一只。爐一只。鏟刀一把。手磨一具。匙一把。碗一只。

製法

將甜杏仁去其皮尖。復加苦杏仁。入磨加清水。牽之成泥。又將糯米牽成水粉。一同入鍋煮之。煮甫沸。加白糖。用鏟速卽攪勻。滴入牛奶。卽可起鍋供食矣。

注意

入鍋時。杏仁汁和糯米汁。若嫌其太濃。可酌加清水以調濟之。

第二十七節　橘酪羹

材料

甜蜜橘十只。　玉盆糖二兩。　桂花香料少許。

器具

鍋一只。　爐一只。　鏟刀一把。　調羹一把。　杯子一只。

製法

將甜蜜橘去其外裏皮及筋核。純取其瓤。入鍋加清水煎之。煮三四分鐘。和入白糖桂花。引鏟調和。成薄糊狀。即佳。裝杯供飲。鮮甜可口。

注意

飲之開胃。令人神往。

第二十八節　楂糕羹

材料

楂糕一方。　玉盆糖半兩。　桂花香料少許。

器具

鍋一只。爐一只。鏟刀一把。調羹一把。杯子一只。

製法

將清水入鍋。先燒一透。卽將楂糕放下。用鏟攪和後和以白糖桂花燒至濃厚時。卽可啗矣。筵間亦用之。

注意

本食品功能解醉。按楂糕卽山楂糕。

第二十九節　糯米薏苡湯

材料

上白糯米一升。薏苡半升。蓮心半兩。芡實二兩。蜜杏桃蜜青梅少許。薄荷湯一缸。白糖一斤。

器具

鍋一只。爐一只。鏟刀一把。匙一把。碗數只。

製法

將糯米淘淨。煮成糯米飯。盛起涼冷。再將葚苣蓮心芡實入鍋燜爛。和薄荷湯亦須涼冷。食時。用匙取糯米飯葚苣蓮心芡實蜜杏桃蜜青梅絲各等分。放入碗中。上面加以白糖。用薄荷湯澆入。再用匙調和後食之。味涼爽。可以清心。

注意

本食品宜於暑熱時食之。

第三十節　甜菜

材料

蓮子一兩。　芡實二兩。　桂圓肉半兩。　蜜棗十箇。　文冰六兩。

器具

鍋一只。　爐一只。　鏟刀一把。　匙一把。　碗一只。

製法
將蓮子去皮心。同芡實入鍋加清水煮爛。再將桂圓蜜棗文冰等物。加入鍋中。待爛盛起。用匙食之。特別甜美。所以稱爲甜菜。

注意
蜜棗須用水浸胖。出核用之。

第三十一節　葡萄冰

材料
葡萄乾半杯。　白糖半兩。　牛乳半碗。　桃核肉一匙。　瓜子肉半匙。
江米酒少許。

器具
鍋一只。　爐一只。　甑一只。　大碗一只。　冰箱一只。　匙一把。

製法

將白糖牛乳盛於碗中。上甑蒸之。待其已沸。啟甑蓋加入葡萄乾及桃核肉瓜子肉江米酒等類。再行蒸之。既熟。卽取出。藏於冰箱中。俟其冰凍。餤之清心脫俗。

注意 本食品宜於夏日食之。

第三十二節　雪糕

材料 牛奶三斤。　藕粉漿一碗。　雞蛋五十箇。　可可粉一杯。　白糖三斤。

香油十滴。　食鹽少許。

器具 冰箱一只。　打雪桶一具。　匙一把。　玻璃杯一只。

製法

將牛奶一碗。藏置冰箱。須臾。結成酥酪。用以放入打雪桶內之鐵管中。再將藕粉和牛奶調成薄漿。和入雞蛋。攪拌使和。並加可可粉白糖及香油等。然後緊蓋鐵罐。四周實以冰塊。上摻食鹽。即將搖柄插入搖之。先緩轉七八分鐘。繼續連即速轉六七分鐘。至是雪糕成矣。

注意

本品如不用可可粉。擇用香蕉汁杏仁霜咖啡荳檸檬油玫瑰露及櫻桃波羅蜜等均可。又欲藕粉不生皺裂。可用 Gelatine 精製膠半匙。泡以開水小半杯。傾入調和之。則其弊可免。此物爲消暑妙品。蓋即市上所售之冰淇淋也。

第三十三節　韭菜粉衣

材料

糯米粉一升。　韭菜一紮。　食鹽二兩。　雞蛋三枚。　菜油二兩。

器具

鍋一只。爐一只。鏟刀一把。刀一把。碗數只。

製法

將糯米粉加雞蛋清水拌成稀薄之漿。再將韭菜預先用食鹽略醃。用刀切碎。入粉碗內調和。然後將菜油在鍋中炙熱。倒入粉漿攤熟。至兩面皆黃。用鏟刀分三四塊。盛入碗中。即可供昭矣。爲家庭中日常之小點心也。

注意

用麪粉亦可製成。即成麪衣矣。

第三十四節　煎饅

材料

蟹粉饅首二十箇。青葱十枝。菜油二兩。

器具

平底鑊一只。炭爐一只。鏟刀一把。刀一把。盆一只。

製法

將蟹粉饅首放入熱油鍋中煎之。煎透翻轉再煎。四面再撒些些菜油。見黃仍舊翻轉。加下青葱細屑。同時放下清水。關蓋燒透。卽可以食。

注意

本食品除用蟹粉饅首外。不論肉心火腿心均佳。

第三十五節　油炸燴

材料

麪粉二升。酵粉半杯。鹼水少許。食鹽少許。

器具

油鍋一只。鉢一只。刀一把。筷一雙。鐵絲籃一只。

製法
將麪粉和酵粉鹼水入鉢拌和後。即可搓成長條。用刀切成小塊。再搓細長條。對摺絞成鏈條狀。兩端捺緊。即可入熱油鍋中炸之。俟已發大煎黃。用筷鉗起。放入鐵絲籃中漏去油質。便可供食。若蘸以醬油。隨蘸隨食。味尤適口。

注意
本食品可以摘成寸段。放入碗中。冲以醬油湯。以爲飯菜之用。

第三十六節　油笣箕

材料
麪粉一升。　黃糖四兩。

器具
油鍋一只。　鉢一只。　棍一條。　刀一把。　剪刀一把。　筷一雙。　鐵絲籃一只。

製法

將麪粉用黃糖水入缽拌和。然後用棍打薄。用刀切成長方塊。長約五寸。闊約一寸半。長裏對摺。用剪刀剪成二分闊之長條。約計八根。再以四角向左右牽扯。以中間兩角反疊搦緊。然後投入熱油鍋內爍之見已發黃。用筷鉗起。放在鐵絲籃中瀝乾油質。卽成油箆箕矣。

注意

市上店家。往往用隔夜之麪脚。餛飩皮子。或芝蔴糕餅屑。雜凑而成。頗不合於衛生。於夏日尤甚。吾人宜戒食之。

第三十七節　油炖子

材料

麪粉一升。　雞蛋三枚。　食鹽少許。　大蝦四兩。　菜油二斤。

器具

油鍋一只。 洋鐵花籃模型一箇。 匙一把。

製法

將麪粉和雞蛋清水拌和。加入食鹽。再將油鍋燒熱。用匙注入洋鐵花籃模型內。注滿。上面加以大蝦一只。然後取柄攢入熱油鍋中。汆至凝結。取出模型。再汆片時。以黃熟爲度。即可食矣。

注意

本食品中間嵌以豬油蘿蔔絲薺菜山芋屑等作心。味尤良佳。

第三十八節 棗粥

材料

香粳米半升。 紅棗子二十枚。 薏芡二兩。 白糖四兩。 桂花少許。

器具

砂鍋一只。爐一只。籮一只。大匙一把。碗數只。

製法

將香粳米用籮淘好。入鍋加清水一鍋煮之。同時以紅棗薏苡加入。用文火煨爛。食時加白糖及桂花。味香開胃。口腹清供。誠衞生滋養之品也。

注意

小兒食之最宜。惟不可過甜。以致傷齒。

第三十九節　菜粥

材料

大菜六棵。香粳米一升。食鹽三匙。菜油二兩。糯米粉一碗。

器具

鍋一只。爐一只。鏟刀一把。籮一只。刀一把。碗數只。

製法 將米用籮淘淨。大菜亦應洗淨。用刀切碎。然後一同倒入鍋中。水之配置。約與鍋齊。用文火燜爛。將食鹽菜油放下。再燒一透。調以糯米粉。俟膩厚後。即可盛食。

注意 本食品若過於多燜。則色澤不美矣。

第四十節 菜飯

材料 大菜三棵。白米半升。菜油一兩。食鹽葷油少許。

器具 鍋一只。爐一只。鏟刀一把。籮一只。刀一把。碗一只。

製法

將大菜用刀切碎。再將白米淘清。然後將飯鍋燒透。以菜鋪面。摻以食鹽。滴以菜油。炊飯鑊後。再燜片時。即可盛起供食。嚼時酌加葷油於碗底。味肥而滋身。

注意

本食品間以火腿屑筍屑雞屑等加入尤美。

第四十一節　蘋果餅

材料

蘋果半斤。　杏仁四兩。　牛油四兩。　乳酪三合。　白糖六兩。　葡萄酒一杯。

器具

銅質模型一具。　火爐一具。　小石臼一只。　匙一把。　洋盆一只。

製法

將蘋果去其皮核。用器攪和。盛器候用。再將杏仁搗之如泥。入鍋加牛油乳酪白糖葡萄酒同煮。使成適宜光滑之漿糊。盛起稍冷。即將蘋果肉和入。移入有乳酪之銅模內。上火爐烘之。每餅約三四十分鐘而成。

注意

蘋果撕皮時。以手指甲自上端層層撕之。則立去去核。非用刀剖開不可。

第四十二節　雞蛋餅

材料

雞蛋六枚。　冬菰丁半杯。　開洋屑半兩。　干貝絲半杯。　陳黃酒一兩。　醬油一兩。　白糖一匙。　薑米少許。　葷油四兩。

器具

鍋一只。　爐一只。　刀一把。　鏟刀一把。　碗一只。

製法　將雞蛋傾碗中打散。加入冬菰丁、開洋屑、干貝絲。（以上三物皆須放過。干貝再用酒蒸軟）和入陳黃酒醬油白糖薑米。再將葷油下鍋燒沸。然後倒下煎之。煎透反轉。灼至黃色。以鑊壓去其油。用刀切成塊。即可。

注意　調和時不必加水。免得稀薄。

第四十三節　蝦仁餅

材料　大蝦一碗。　乾麪粉一碗。　醬油半兩。　陳黃酒半兩。　食鹽少許。
菜油二兩。

器具

鍋一只。爐一只。鏟刀一把。匙一把。盆子一只。

製法

將鮮蝦用手擠成蝦仁。放在醬油黃酒中浸漬。然後將乾麪粉加清水食鹽拌成漿糊。先用匙取漿糊一匙。入油鍋內。隨加蝦仁一匙。煎之。煎至兩面黃透。乃熟。

注意

蝦餅法同。惟不擠蝦仁而去其鬚足耳。

第四十四節　香水餅

材料

麪粉三杯。雞蛋三枚。白糖一杯。葷油半杯。葡萄酒半匙。玫瑰精少許。

器具

模型一具。炭爐一只。盆子一只。

製法　將麪粉等物。一起拌和。然後注入模型中烘之。即成。入口味勝芝蘭。

注意　花樣聽便。再模型內須抹油少許。以防黏住。

第四十五節　薑餅

材料

薑粉三兩。麪粉一斤。牛乳一杯。糖醬六兩。白糖三兩。葷油三兩。小蘇打液二匙。葡萄酒一匙。

器具

模型一具。炭爐一只。洋盆一只。

製法

將上物一同拌和。再做成餅。移上炭爐烘之。黃透卽熟。

注意

如無薑粉。代以薑汁。亦可將就。

第四十六節　愛司餅

材料

麪粉一斤。　雞蛋五箇。　豬油六兩。　白糖六兩。　檸檬汁一匙。　葡萄酒一匙。

器具

模型一具。　炭爐一只。　缽一只。

製法

將以上各種作料一併打入缽中。俟其和勻。注入模型。用活塞塞入。使由花銅蓋射出。成條形切斷。彎曲成英文愛司字母形。上爐烘之卽可。

注意
此餅以其形似S。故名愛司餅。

第四十七節　米肉餅

材料
瘦肉一斤。　炒米三兩。　陳黃酒二兩。　醬油二兩。　白糖一匙。　葷油二兩。

器具
鍋一只。　爐一只。　刀一把。　砧墩一箇。　碗一只。

製法
將瘦肉用刀切成細屑。用炒米拌和。再加陳黃酒醬油白糖等作料。糅而圓之。然後燒熱油鍋。傾入沸油內滾熟。起鍋供食。脆爽可口。固凝後食之。亦覺柔韌而有味。

注意
炒米卽市上所售之凍糯米是也。

第四十八節　雞蛋捲

材料
雞蛋八枚。　白糖半斤。　麪粉一升。　檸檬汁一匙。　荳砂一碗。（或用玫瑰醬梅醬等類。）

器具
鍋一只。　爐一只。　筷一雙。　洋鐵蒸盤一具。　手巾一條。　刀一把。洋盆一只。

製法
將雞蛋之黃和糖調勻。放入鍋中煮之。和以麪粉。蛋白另行打和。打透後。亦和入爲要。加以檸檬汁。卽可裝入洋鐵蒸盤中。上爐烘之。待熟覆於手巾上。用荳砂等爲餡。塗抹其面。隨卽捲好。霎時。用刀切成厚片。乃佳。味美上口。

注意 捲時須速。久則不免破裂耳。

第四十九節 自製餅乾

材料 麪粉一斤。 牛乳一杯。 葷油半斤。 葡萄酒少許。

器具 缽一只。 趕鎚一箇。 模型一具。

製法 將麪粉和葷油三分之二。再加清水少許。用手拌和。將趕鎚約捍至一寸厚。又葷油三分之一。和粉捲好。用趕鎚捍成薄片。卽用模型一一鑿之。如上製法。其殘餘之料。再捍成片。製成各種花樣。烘至餅乾卽佳。

注意

餅上加以葡萄乾三四粒。足壯觀瞻。

第五十節　芡實糕

材料

鮮芡實一斤。文冰六兩。麪粉半升。木樨醬一匙。

器具

鍋一只。爐一只。缽一只。小甑一只。刀一把。洋盆一只。

製法

將芡實用缽搗爛。與文冰麪粉木樨醬拌和。裝入小甑中。乃上鍋蒸之。待熟。以刀切塊。盛入盆內。便可以食。味甚佳美。

注意

鄉間池沼中產有一種植物。名曰野雞荳。亦可如法製之成糕。

第五十一節　肉糕

材料　精豬肉一斤。食鹽少許。百葉二三張。雞蛋四枚。藕粉一杯。

器具　鍋一只。爐一只。刀一把。筷一雙。碗一只。洋盆一只。

製法　將豬肉用刀加食鹽斬爛。以手揑成厚約三分之平面形。安置百葉上。（百葉須預先用鹼水泡過。）再將雞蛋打和。入油鍋攤成蛋衣。用刀切爲細絲。攪亂糝於平鋪肉腐上。厚約八九分。成蛋糕式。乃用藕粉調水潑上。令其凝結。不致鬆散。卽置鍋上蒸之。蒸熟取出。切成塊塊。卽可下箸矣。

注意

百葉不用鹼水泡過。容易破裂。

第五十二節　清蛋糕

材料

雞蛋六枚。　葷油半杯。　白糖二杯。　麪包粉一杯半。　葡萄酒一匙。
玉蜀黍粉（即六穀粉）一杯。　檸檬汁一匙。

器具

鍋一只。　爐一只。　鏟刀一把。　洋鐵蒸盤一具。　洋盆一只。

製法

將葷油和白糖調勻。置入鍋中。燒之半沸。乃放麪包粉及葡萄酒。再用鏟調和。然後投以六穀粉。再將蛋白打和。先用一半傾入鍋中。亦須拌勻。再以一半注入。即可滴入檸檬汁。另置洋鐵蒸盤一。盤內先抹葷油。

將鍋中物料注於盤心。於爐上烙熟。上面再加不論何種糖果子少許。以爲裝飾之用。

注意

本食品不用蛋黃。純用蛋白。須調之極勻。至以筷插之能直立乃止。

第五十三節　白塔蛋糕

材料

雞蛋三枚。　熟豬油半杯。　白糖一杯半。　牛奶半杯。　檸檬汁一匙。

麫包粉二杯。　葡萄酒二匙。

器具

鍋一只。　爐一只。　筷一雙。　洋鐵蒸盤一具。　洋盆一只。

製法

將熟豬油及白糖調和之。置於鍋中煮之。乃以一蛋。連黃連白打入。用筷拌勻之。再以蛋拌勻之。又打一蛋。將牛奶注入。再注檸檬汁。後下麪包粉葡萄酒拌攪。裝入蒸盤內烘之。成熟乃可。

注意

手續不可紊亂。宜注意。

第五十四節　蘿蔔糕

材料

粳米粉一升。　蘿蔔一斤。　食鹽少許。　肥肉一塊。　蝦米冬菇火腿等細屑一杯。

器具

鍋一只。　爐一只。　小甑一只。　刮鉋一箇。　推鉋一箇。　鏟刀一把。　刀一把。　洋盆一只

製法

將蘿蔔用鉋刮去其皮。推成細絲。用食鹽擦去其辣汁加清水拌以糯米粉。稍下食鹽。拌和後。置入小甑中。粉中夾肉屑一層。上面再加蝦米冬菇火腿等細屑。然後上鍋蒸熟。取出切片。用油煎之。食之酥鹹得宜。

注意

此糕自古有之。昔人嘗於立夏節食之。名曰咬春。即迎春之意也。

第五十五節　芥倫子蛋糕

材料

芥倫子半杯。　麪包粉二杯。　豬油二杯。　白糖二杯。　雞蛋四枚。

葡萄酒二匙。　玫瑰油一匙。

器具

鍋一只。　爐一只。　筷一雙。　鉢一箇。　洋鐵蒸盤一具。　洋盆一只。

製法

將豬油白糖調和。乃以蛋黃注入。再和麪包粉葡萄酒玫瑰油等類。將蛋白另以鉢打和。再加芥倫子。入洋鐵蒸盤內烘之。然後裝入盆中。即可。

注意

芥倫子即葡萄乾。上海廣東路三號美國葡萄乾公司有售。

第五十六節　山芋糕

材料

紅心山芋二只。　豬油數塊。　荳砂三匙。　白糖少許。

器具

鍋一只。　爐一只。　鍋架一箇。　碗一只。　筷一雙。

製法

將山芋去皮洗淨。入鍋蒸熟。放入碗內。用筷調和。中間加以蒸熟豬油及荳砂白糖。上面再鋪山芋一層。然後上鍋再蒸。一透即熟。餤味香而質酥。美品也。

注意

山芋內之細筋須抽去。可在蒸熟後行之。

第五十七節　自製八珍糕

材料

元米粉一斤。　白糖一斤。　党參。　黃耆。　淮藥。　芡實。　蓮肉。　茯苓。　白扁荳。　米仁。　葡萄乾各等分。

器具

石臼一只。　碾杵一箇。　刀一把。　木板模型一塊。　匣子數只。

製法

將党參、黃耆、（切片）淮藥、芡實、蓮肉、（去皮及心）茯苓、白扁荳、（

去殼）米仁、葡萄乾各等分。悉入石臼內。共研細末。再用白糖加入。然後將粉末置木板模型中。刻成各種式樣。倒出即佳。較之市售者（其法詳本食譜三編）不可同日而語也。

注意

元米粉即糯米粉。此糕常食充饑。功能補血强身。

第五十八節　炒掛麪

材料

掛麪一斤。　葷油二兩。　蝦子醬油一兩。

器具

鍋一只。　爐一只。　鏟刀一把。　湯碗一只。

製法

將掛麪置於沸水中。隨投隨取。再浸入冷水內。然後用葷油炒之。炒後。

連結成團。裝於碗中。用蝦子醬油冲湯投下。則團自解。味亦鮮冽。

注意　若無蝦子醬油。將蝦子用井水激下。煎湯亦妙。又食麪時另加好醋少許。則無腹脹之患矣。

第五十九節　湯麪

材料　麪一斤。　紅燒肉一碗。　肉汁一大碗。

器具　鍋一只。　爐一只。　筷一雙。　竹爪籬一把。　大碗數只。

製法　先將清水煮沸。起蓋將麪落下。用筷掏勻。燒一透。見麪浮起。即用竹爪籬撈起。浸入冷水內激之。然後分裝肉汁碗中。上面蓋肉。名曰澆頭。此普通下麪法也。

注意

麪之美在乎湯汁。湯汁當用油足濃厚之露。如用醬油湯則不佳。澆頭有魚者曰魚麪。肉者曰肉麪。雞鴨者曰雞鴨麪。鱔絲者曰鱔絲麪。名目之多。以蘇州麪館爲最。

第六十節　拌麪

材料

麪一斤。　鱔絲一盆。　肉滷三匙。　醬蔴油少許。

器具

鍋一只。　爐一只。　爪籬一把　碗數只。

製法

將麪投沸水中煮之。待熟。撈起浸入冷水內。激冷瀝乾水質。放入碗中。

用肉滷醬蔴油少許拌之。上裝炸熟鱔絲蓋面。食之爽口。夏令多喜食之。

注意

或用他種澆頭及素者亦佳。或用鱔絲過橋。即另將鱔絲用葷油酒醬等炒熟。食時蓋在麪上。其味尤美。

第六十一節　空心湯糰

材料

湯糰十箇。　菜油半斤。

器具

油鍋一只。　爪籬一把。　洋盆一只。

製法

將湯糰用白糖豬油玫瑰醬爲餡。（或揩酥餡。）糰殼製法詳本食譜續編第一章第十九節。製就後入油鍋内氽之。糰餡受熱度之壓迫。遂盡融化而入於皮子。（子俗音此。）於是空心湯糰成矣。

注意

余嘗見普通所落湯糰。易遭破裂。若同冷水漸煮成熟。其患可免。故特附注於此。又甬人於長至節必食此物。風俗也。

第六十二節　焐蓮心

材料

蓮心半杯。　文冰半兩。

器具

洋鐵有蓋大茶杯一只。　烹燈一盞。　匙一把。　碗一只。

製法

將蓮心用沸水泡後。蓋燜片時。立即去其皮及心。乃用温水洗淨。去其皮屑。儲入洋鐵有蓋大茶杯內。加以三四倍之沸水。移上烹燈煮之。俟爛。加以文冰。燜三小時可食。每日食之。功能補心。

注意

或用三脚架。在美孚燈上熩之。一黃昏可食。在深夜辦事辛苦者。作爲點心。最爲相宜。父執某。雲間人。十餘年來。專食蓮心。未嘗進飯。體甚强。

第六十三節　炒藕塊

材料

嫩藕一節。　花生油二兩。　白糖一兩。　木樨醬少許。

器具

鍋一只。　爐一只。　厨刀一把。　鏟刀一把。　盆子一只。

製法

將藕洗淨。上鍋蒸熟。用刀切成細塊。另將油鍋燒熱。乃以白糖放入。用鏟攪勻。然後下以藕塊。引鏟徐徐炒之。再下木樨醬片刻卽佳。

注意

藕塊以細小爲可口。

第六十四節　八寶梨羮

材料

雪梨六只。　文冰二兩。　金荳。　橘餅丁。　桂圓肉丁。　蜜棗絲。各等分。　對丁少許。　藕粉半杯。

器具

鍋一只。　爐一只。　刀一把。　鏟刀一把。　碗一只。

製法

將雪梨用刀削去其皮。剉之成薄片。卽可置入鍋中。加清水煮之一透之後。加以文冰。以融化爲度。再置金荳、橘餅丁、桂圓肉丁、蜜棗絲等類。

俟沸十數分鐘後。外用潔白藕粉以筷攪之使勻。再冲入鍋中。用鏟刀和之。不宜停手。待沸至二三分鐘後。卽可盛入碗內。上加以紅綠絲。鮮紅碧綠。異常美觀。噉之香甜四溢。雅爽宜人。並入口消釋。爲止咳解煩釋渴之美果。頗有淸心益智之妙。惟宜於夏日耳。

注意

梨之種類甚多。有雅兒、油秋、靑梨、木梨之分。惟以產於山東萊陽、直隸河間爲良。宋代張敷。有梨爲百果之宗之稱。八寶香蕉羹八寶橘羹。八寶百合羹。製法均同。惟百合一物。含有苦味。須摘去百合瓣之尖。順勢剝去其衣。入淸水漂過乃佳。

第六十五節　白粉凍

材料

六穀粉半杯。　牛奶三杯。　白糖一杯。　橘汁半杯。　玫瑰汁半匙。

可可糖六塊。

器具

鍋一只。 爐一只。 架一箇。 模型一具。 碗一只。

製法

將六穀粉和清水牛奶白糖拌和。上鍋隔水蒸熟。成白粉漿糊。再將橘汁並玫瑰汁和粉。另外製成熟糊。蒸四分鐘。又將可可糖和粉。另外製成熟糊。乃入模型。製成花式。第一層倒入橘汁糊。第二層爲可可糖糊。第三層爲白粉糊。蒸時隨煮隨和牛奶。或以水代之。然後凝於冷水中。或置冰箱成凍。卽名白粉凍。

注意

橘汁或用桂花汁綠梅汁。均可代用之。

第六十六節　牛肉粥

材料

香糯米半升。 牛肉半斤。 食鹽半兩。 生薑少許。 味精（或和粉）一匙。

器具

鍋一只。 爐一只。 厨刀一把。 鏟刀一把。 碗一只。

製法

將米淘淸。先入鍋同淸水煮之。用文火燜爛。再以牛肉斬之成醬。加下食鹽生薑等類。用筷拌勻。起蓋倒入鍋中。用鏟炒動一轉。使其相和。然後關蓋再燒數透。卽可起鍋供食。

注意

食時嫌淡。酌加好醬油少許。

第六十七節 炒木樨飯

材料
白米飯一碗。肥大萵苣葉數張。雞蛋二枚。火腿丁一杯。雞丁一杯。葷油一兩。
器具
鍋一只。爐一只。鏟刀一把。匙一把。碗一只。
製法
將飯用蛋入油鍋炒好。和以火腿丁雞丁盛起。再將萵苣葉洗淨揩乾其水。用匙傾飯於葉上包而食之。香脆異常。
注意
雞蛋可用溏黃松花蛋代之。

第六十八節　芹菜飯

材料

芹菜半捆。嫩笋半只。菜油二兩。食鹽少許。白米一升。臘肉四兩。醬油二兩。

器具

鍋一只。爐一只。刀一把。銅鏟一把。碗一只。

製法

將芹葉揀清。和食鹽揉去其汁。置風日中乾之。再行用刀切細。同嫩笋片和菜油煮之。半熟即起鍋。於飯米未下前。切臘肉小塊。用碗合碗中。然後同時下飯米及芹菜。調以醬油。炊熟食之。味極鮮美。

注意

芹菜用水芹。藥芹則不堪用矣。

第六十九節　藤蘿包子

材料

麪粉一升。藤花二十朵。糖浠豬油丁一碗。白糖三兩。松子仁半兩。葡萄乾半兩。

器具

油鍋一只。碗一只。鐵鏟刀一把。洋盆一只。

製法

將春日所開藤花。擇花之大者。去心及蒂。拌以糖浠豬油小塊。及白糖松子仁葡萄乾等類。再將麪粉拌和。以之作餡。做成包子。即入油鍋烙之。烙熟。香味不失。嚼之可口異常。

注意

荳砂包子法同。

第七十節　德國士斯

材料

麪包一方。雞蛋六枚。牛油二兩（用葷油亦可。）白糖一匙。

器具

鍋一只。爐一只。刀一把。筷一雙。碗一只。洋盆一只。

製法

將麪包先用刀去硬皮。然後切成片。塗以雞蛋汁。置於熱油鍋中烤之。少選。加以白糖。約五分鐘。卽起鍋就餤。因不宜多烤也。

注意

麪包切片時。宜從中間切開。先一剖爲二。然後切爲片。將所餘之麪包。二爿對合。庶不致漏氣。常能保住其新鮮也。

第七十一節 香蕉布丁

材料

麪包屑二杯。香蕉汁一杯半。葡萄六兩。雞蛋二枚。牛乳半杯。

器具

鍋一只。爐一只。小甑一只。叉一把。洋盆一只。

製法

將麪包屑香蕉汁葡萄等物。預備小甑一只。底鋪絹布。中鋪麪包屑一層。上加葡萄一層。香蕉一層。再加麪包屑蓋面。然後調雞蛋及牛乳澆上。即上鍋蒸之。約半小時。便可啜食矣。

注意

麪包屑在廣東店內有售。

第七十二節　西米布丁

材料

西米一碗。雞蛋四枚。牛乳四合。白糖四兩。牛油四兩。檸檬汁少許。

器具 鍋一只。 爐一只。 鏟刀一把。 叉一把。 洋盆一只。

製法 將西米用水浸透。瀝去其水。入鍋中加雞蛋牛乳白糖等。用文火煮之。以鏟攪成極厚之漿。然後移入油鍋內煎之。起鍋時。滴入檸檬汁。即西米布丁也。

注意 西米卽珍珠粉。廣東店有售。

第七十三節 元宵

材料 芝蔴脆餅半斤。 葷油四兩。 木樨醬一杯。 瓜子肉一杯。 糯米粉四合。

器具

鍋一只。爐一只。缽一只。碗一只。

製法

將芝蔴脆餅碾之極細。用葷油熬沸拌透。待稍冷。搓成團。略似梅子大。中間藏以木樨醬瓜子肉爲餡。然後用水蘸濕。放在糯米粉上擂之。惟糯米粉不可過厚過薄。以均勻爲是。蒸熟可食。

注意

以鎭江元宵爲著名。

第二章 葷菜

第一節 魚翅雞

材料

童子雞一只。魚翅一只。瘦肉四兩。白菜二兩。陳黃酒三兩。

醬油三兩。葷油一碗。白糖眞粉少許。

器具

鍋一只。爐一只。厨刀一把。瓷缽一只。

製法

將雞用酒鹽煮熟。然後將魚翅用冷水浸透。後換熱水。浸一小時許。用清水洗去砂質。用刀刮去筋皮。再用冷水煮之。俟已發軟。去其骨管。再將肉切絲。入鍋加葷油煎透。下以陳黃酒醬油及白菜等物。用文火煨之。待熟。加些肉露燒一透。放入魚翅。啟蓋燒片時。加下白糖眞粉。味和之後。卽可納入雞肚中。加醬油雞肉汁緊湯煨爛。其味無窮。

注意

此法爲吾鄉老於烹飪者李曉村謂余言。

第二節　碼磠雞

材料

雞一只。　蜜杏桃四兩。　嫩筍二只。　陳黃酒二兩。　醬油一杯。　香料少許。

器具

鍋一只。　爐一只。　刀一把。　海碗一只。

製法

將雞殺死。去其毛雜。斬成方塊。入鍋加清水香料煮之。然後加陳黃酒醬油筍片等。用文火燜之。燜爛。復加蜜杏桃。再燜片時。卽可噉矣。

注意

本食品煮時。以緊湯爲合度。

第三節　雪梨雞

材料

雞一只。雪梨四只。葷油四兩。蔴油一匙。食鹽薑末花椒末冰糖各少許。

器具

鍋一只。爐一只。鏟刀一把。刀一把。洋盆一只。

製法

將雞割取胸膛肉。切成薄片。用葷油炒三四次。加以蔴油。同時再加食鹽薑末花椒末等。後加梨片冰糖。霎時。卽可就食矣。

注意

本食品以嫩爲最可口。

第四節　葷素雞

材料

百葉三十張。嫩筍片一杯。香菌十只。蝦子半杯。陳黃酒一盅。

食鹽少許。

器具

鍋一只。 爐一只。 手巾一條。 刀一把。 鏟刀一把。 大碗一只。

製法

將百葉用溫鹼水浸軟。層層疊好。乃以手巾包裹紮緊。倒入滾水中煮之。燒至半小時起鍋。候冷解開手巾。用刀切成雞塊。或長方塊。同筍片香菌蝦子雞汁等類煮之。加些陳黃酒食鹽。二透可食。湯甚鮮冽。

注意

用葷油醬油紅燒。味亦濃厚。

第五節 醍醐鴨

材料

大鴨一只。 山藥半斤。 陳黃酒四兩。 食鹽二兩。 眞粉少許。 冰糖葱薑螺螄各少許。

器具

鍋一只。 爐一只。 刀一把。 海碗一只。

製法

將鴨同螺螄煮半熟。乃拆骨取肉。仍置原湯內。同山藥再煮。加以陳黃酒食鹽葱薑等。至爛加以冰糖眞粉。俟其濃厚。卽可啗矣。

注意

山藥須用刀捶碎切塊。以山芋代之。亦成醍醐鴨。

第六節 陳皮鴨

材料

鴨一只。 豬肉半斤。 陳皮半兩。 陳黃酒二兩。 醬油二兩。 食鹽二兩。 香菌八只。 筍一只。 葷油二兩。

器具 鍋一只。爐一只。廚刀一把。碗一只。

製法 將鴨斬甏。燖毛破肚。用水洗淨。將食鹽遍擦內部。塞足肉腐。然後入油鍋炸之。越時炸透。加陳黃酒。再加醬油陳皮香菌筍片清水等。用文火煨之。約燜至二三點鐘之久。即可供食。

注意 又法。將鴨爊熟而食之。陳皮鱸魚製法同。

第七節　梅花肉

材料 豬肉一斤。雞蛋二枚。葷油四兩。冬菇十只。醬油二兩。食鹽少許。

器具

鍋一只。爐一只。刀一把。筷一雙。鏟刀一把。大碗一只。

製法

將豬肉用刀切成梅花狀。作五瓣式。乃以雞蛋打和拌之。再用筷箝入熱油鍋中。炸至黃色乃止。然後用清水一斤半。關蓋煮爛。再加冬菇作和頭。同時下以醬油食鹽。再燒數透。即成。其味嫩美逾常。

注意

豬肉須擇瘦肥各半者。關蓋燒時。毋得再開爲是。

第八節　芙蓉肉

材料

瘦豬肉一斤。醬油六兩。淡水蝦四十只。豬油二兩。菜油半斤。

陳黃酒二兩。眞粉葱椒少許。

器具　油鍋一只。　爪籬一把。　厨刀一把。　碗一只。

製法　將豬肉用厨刀切片。放入醬油中浸漬。再將蝦去殼留仁。豬油切骰子塊。將蝦仁放在豬油上。一只蝦一塊油敲扁。將滾水煮熟撩起。然後熬菜至沸。將肉片放在爪籬內。將滾油灌熟。再用醬油黃酒雞湯等將二物放在鍋中同煮一透。另加眞粉葱椒。卽可起鍋。昭味極美。

注意　芙蓉肉之名。見於隨園食單。此法略有改動。爲余參照而成者。並云未敢掠美也。

第九節　東坡肉

材料

豬蹄三斤。 陳黃酒一斤。 醬油半斤。 文冰一兩。

器具

鍋一只。 爐一只。 刀一把。 砂鍋一箇。 炭結四箇。 大碗一只。

製法

將豬蹄焯一透。用刀口在皮上細刮。如是三次。切成大塊。置入砂鍋內。加陳黃酒醬油文冰等料。不可用水。放炭結爐上。用炭結燒紅煮之。約七八小時。可食。若欲肉入味。端賴火候。故非行此法不可。

注意

東坡俗稱蹄狀。又稱蹄子。有在油中炸熟者。名曰走油蹄子。筵間常用之。惟味道不及此法耳。

第十節 荔枝肉

材料

豬油二斤。　菜油半斤。　陳黃酒半斤。　醬油一小杯。

器具

鍋一只。　爐一只。　鏟刀一把。　厨刀一把。　碗一只。

製法

將豬肉洗淨。切成大骨牌塊。入鍋加清水。煮二三十沸。撈起。再將油鍋燒熱。放入煠透。卽用冷水激之。然後仍入鍋內。用陳黃酒醬油清水（約半斤許。）等再燀。煮爛卽成。

注意

用冷水激後。肉卽成皺裂狀。略似荔枝。故名。

第十一節　八寶肉

材料

豬肉一斤。　陳黃酒二兩。　醬油四兩。　小淡菜二兩。　嫩筍片半斤。

冬菇二兩。 核桃肉二兩。 葡萄乾二兩。 火腿屑二兩。 蔴油一兩。
陳海蜇二兩。 白文冰半兩。 香料少許。

器具

鍋一只。 爐一只。 鏟刀一把。 刀一把。 碗數只。

製法

將豬肉用刀切片。加香料入鍋煮之。煮透加陳黃酒醬油。用文火燜至半熟。再加小淡葉嫩筍片冬菇核桃肉葡萄乾火腿屑蔴油等類。最後加陳海蜇白文冰。隨即鏟起。見之無不食指大動也。

注意

豬肉須揀精肥得宜爲上。

第十二節 芙蓉魚

材料

鯽魚二條。雞蛋四箇。葱薑黃酒食鹽各少許。

器具

鍋一只。爐一只。鍋架一箇。大碗一只。筷一雙。匙一把。刀一把。

製法

將活鯽魚用刀除去鱗雜。然後洗淨。浸漬於葱薑黃酒中。再將雞蛋打破。取白去黃。盛於碗中。和入雞湯。糝些食鹽。用筷調和。用魚放入蛋碗。加葷油一匙。移上鍋架蒸之。但不可中途揭蓋。以防炖生。直至熟可食。上口絕鮮。味美於回。較之尋常炖蛋不可同日而語也。

注意

蛋內所用雞湯。以冷爲宜。否則遇熱則凝。永不能炖熟矣。

第十三節　八寶肉丸

材料

肥花肉一斤。 陳黃酒三兩。 醬油三兩。 葱薑少許。 嫩筍半只。 荸薺四箇。 香菌六只。 醬瓜一塊。 醬薑一塊。 松子肉半兩。 葡萄乾半兩。 火腿屑一兩。 眞粉一碗。

器具

鍋一只。 爐一只。 竹架一箇。 刀一把。 碗一只。 磁盆一只。

製法

將腿花肉用刀切成肉醬。拌以陳黃酒醬油葱薑少許。再將嫩筍荸薺香菌醬瓜醬薑松子肉葡萄乾火腿屑等斫成細屑。同眞粉肉醬揑和成肉餅。放入磁盆中。加陳黃酒醬油入鍋蒸熟。啖之甚爲鬆爽。

注意

蒸之則味佳。燒之則味遜。

第十四節　荸薺丸

材料

嫩荸薺拾枚。　豬肉半斤。　陳黃酒一兩。　醬油一兩。　荳粉半杯。

食鹽少許。　葷油四兩。

器具

鍋一只。　爐一只。　厨刀一把。　砧墩一塊。　洋盆數只。

製法

先將豬肉切小。加黃酒食鹽斬爛。再將荸薺去皮。切成極小之塊。拌入肉腐內。拌時須加醬油。並下荳粉使和。然後做成丸。入油鍋煠之。俟丸之外層成黃色殼子。即可撈起進膳矣。

注意

荸薺丸。其味以甘脆勝。噉之舒適爽口。

第十五節　雞肉丸

材料　雞丁二杯。牛乳油半杯。灰麪半杯。牛乳一杯。食鹽半匙。胡椒末一撮。洋芫荽及芹菜二匙。陳黃酒醬油少許。

器具　鍋一只。爐一只。刀一把。鏟刀一把。碗一只。洋盆一只。

製法　將雞肉預先用刀切成細丁。另以牛乳油一半置入鍋中。燃火融化。復加灰麪牛乳。引鏟時時攪之。俟其成羹。遂以雞丁食鹽胡椒末及切碎之洋芫荽芹菜等類。一同放入鍋中炒之。炒和後。盛起藏於碗中。待其既冷。然後做成肉丸。再用一半牛乳油下鍋炸之。少時。下以陳黃酒醬油。炒至半小時。卽成黃色。其味甚佳。

注意

按炒此丸之熱度。在華氏寒暑表三百九十度以上卽黃。

第十六節　豬油丸

材料

豬油四兩。雞蛋二枚。蓁荳粉半盅。陳黃酒半兩。醬油半兩。

冬菇六只。冬筍一只。葱數枝。

器具

鍋一只。爐一只。厨刀一把。碗一只。筷一雙。匙一把。

製法

將豬油撕皮。用厨刀切成細小之塊。再將雞蛋打和。加入豬油小塊及蓁荳粉調勻。下陳黃酒醬油。用匙和勻。攤入掌心做成丸。然後同冬菇屑冬筍絲葱白頭雞湯煮之。煮滾卽可嚼食。

注意　冬菇冬笋必先煮熟。方可與豬油丸同煮。

第十七節　牛肉鬆

材料　牛肉一方。　雞蛋二枚。　酸醋一匙。　食鹽一撮。　辣油一匙。　薑汁一匙。　葷油一兩。

器具　鍋一只。　爐一只。　刀一把。　筷一雙。　碗一只。

製法　將牛肉用刀在肉上刮之。將肉盡變爲細絲。乃以雞蛋打和。調入細絲內。再以酸醋食鹽辣油薑汁等料。放入油鍋中煎之。煎至十五分鐘。取起同入牛肉細絲內。用筷拌和之。即成牛肉鬆。

注意

醬油黃酒可不用。

第十八節　火夾肚

材料

火肉半斤。　豬肚一只。　陳黃酒二兩。　醬蔴油少許。

器具

鍋一只。　爐一只。　刀一把。　洋盆一只。

製法

將火肉用酒緊湯煮熟。用刀切成薄片。再將豬肚用鹽水擦過。洗淨後。加酒燒熟。再切成長塊。如尋常白肚狀。盛碗中。然後加湯少許。置飯鍋蒸之。卽能膨脹。加厚一倍。然後切成薄片。和肚子一片夾一片。裝入盆中。作造橋式。再兩邊披好。食時。蘸以醬蔴油。味尤美。

注意
煮肚時。不可先著鹽味。否則堅硬而縮。普通每犯此病。特標而出之。以爲嗜味者告。

第十九節　凍豬蹄

材料
豬蹄三斤。陳黃酒一碗。醬油十二兩。冰糖二兩。五香料包一箇。芡粉少許。

器具
鍋一只。爐一只。刀一把。瓦罐一箇。大盆一只。

製法
將豬蹄入鍋中煮之。一滾撩起。裝入瓦罐中。加陳黃酒醬油冰糖五香料一包。煮極爛。將骨拆去。將肉捺碎。再沸一透。將香料包取起。即加芡粉調和。少時。盛大盆中。冰凍成膏。切成方塊食之。香美適口。韻味超群。

注意
夏間入冰箱卽凍。

第二十節 蝦仁凍

材料
蝦仁一斤。　雞蛋四枚。　荳苗少許。　陳黃酒二兩。　食鹽少許。　豬肉皮四兩。

器具
鍋一只。　爐一只。　刀一把。　鏟刀一把。　大碗一只。　冰箱一具。

製法
先將豬肉皮加清湯。入鍋煨之。燒爛斬細。加入陳黃酒食鹽再煨。（冷之卽成皮凍。作餡用。）然後加入蝦仁蛋黃荳苗陳黃酒食鹽等作料。

燒至成熟。即可起鍋。盛入碗內。夏時用冰箱冷成凍。即得。（雞凍肉凍鱖魚凍方法均用。）

注意

蝦仁凍爲京館著名之菜。人多喜食之。

第二十一節　拌松花蛋（一）

材料

松花蛋（須揀溏黃松花蛋）四枚。　荳腐四方。　香椿頭半兩。　蝦子醬油二兩。　蔴油一匙。

器具

碗一只。　筷一雙。　洋盆一只。

製法

將松花蛋剝去泥殼。加荳腐香椿頭蝦子醬油等作料。用筷拌和。滴入蔴油。餘味甚美。手續且便利。

注意

松花蛋卽皮蛋。溏黃卽散黃也。松花蛋如不散黃。可用燒酒滴入蛋心中。片時有奇效。

第二十二節　拌松花蛋(三)

材料

松花蛋三枚。　荳腐四方。　開洋屑半杯。　天蒸筍丁半杯。　大蒜頭泥二匙。　薑米二匙。　食鹽及陳黃酒少許。　蔴油少許。

器具

洋盆一只。　筷一雙。

製法

將松花蛋去殼。加荳腐同置一處。去水和之。再加開洋屑天蒸筍丁大蒜頭泥薑米食鹽及陳黃酒等。用筷共和之。加以蔴油數滴。食之味頗清冽。於夏爲宜。

注意

松花蛋製法。詳本食譜續編第四章第二節。

第二十三節　鱉魚羹

材料

醃鱉魚半斤。　番薯十餘只。　赤茄子一只。　葱絲少許。　胡椒末一撮。　牛乳油二匙。　灰麪二匙。　食鹽少許。

器具

鍋一只。　爐一只。　刀一把。　匙一把。　碗一只。

製法

醃鱉魚浸冷水後壓乾。用刀切成薄片。置於鍋內。再將葱絲胡椒末番薯赤茄子等物。並清水少許。投入煮之。使徐徐烹煮。待番薯與赤茄子煮爛。然後將魚投入其中。約煮二十分鐘之久。又加牛乳油灰麪及食鹽。再煮五分鐘。便熟。

注意

若羹湯過於濃厚。可復加以水和之。

第二十四節　鴨蛋水荳腐羹

材料

鹹鴨蛋二枚。　水荳腐一碗。　食鹽一撮。　蝦子醬油半兩。　蔴油少許。

器具

鍋一只。　爐一只。　筷一雙。　碗一只。

製法

將鹹鴨蛋去殼調和。再將水荳腐稍去其水。同鴨蛋調和。再用食鹽蝦子醬油蔴油拌勻。入鍋加雞汁煮之。味甚鮮洌。

注意

水荳腐改用荳腐亦可。惟不如水荳腐之嫩耳。

第二十五節　鯽腦湯

材料

活鯽魚四尾。　荳油一兩。　荳腐四方。　陳黃酒半兩。　眞粉食鹽少許。

器具

鍋一只。　爐一只。　刀一把。　碗一只。　磁盆一只。

製法

將活鯽魚用清水洗淨夾腮。再用清水磁盆養之。水面注以荳油。浮在水面。魚見油卽食。待油食盡。則魚腦卽從腮中流出。沉於盆底。然後入鍋加雞湯荳腐小塊煮之。至沸。下以陳黃酒。及眞粉食鹽等。製成羹湯。風味別開生面。

注意

鯽魚另食。紅白任便。

第二十六節　油炸蝦球

材料

青蝦半斤。　荸薺十箇。　葱二三枝。　荳粉半升。　陳黃酒半兩。　食鹽一撮。　雞蛋十枚。　葷油半斤。　花椒末少許。

器具

油鍋一只。　火爐一只。　瓷鉢一只。　筷一雙。　洋盆一只。

製法

將青蝦去殼。另以荸薺切成片。葱花及荳粉。拌蛋清。揑成球。置鍋中以葷油炸之。候黃撩起。即熟。少加花椒末。則益香嫩而可口矣。

注意

荸薺少用亦可。如蛋汁不敷拌濕時。宜酌加清水拌之。

第二十七節　油炸蝦包子

材料

水晶蝦半斤。　白糖四兩。　乾麪粉一升。　雞蛋十枚。　菜油半斤。

器具

油鍋一只。　火爐一只。　大碗一只。　筷一雙。　盆數只。

製法

將水晶蝦擠出蝦仁。用白糖拌之。再將雞蛋打開。和以乾麪粉。拌成乾濕適宜之漿糊。過乾加水拌和。用手搓成長條。摘成若干小塊。每塊包以白糖蝦仁爲餡。卽可搓成圓形。然後入熱油鍋內煠之。候黃撩起。噉味頗爲鬆甜。

注意

本食品須用葷油煠之。

第二十八節　紅煨牛肉

材料

牛肉一斤。　蘿蔔一箇。　醬油二兩。　黃酒一盅。　八角茴香三粒。

器具

沙鍋一只。　廚刀一把。　大碗一只。

製法

將牛肉用刀切成小塊。放入沙鍋內。加清水一鍋煮之。蘿蔔亦將同時加入。須先用針刺小孔無數。俟爛。將蘿蔔棄去。加以醬油黃酒八角茴香再燒。煨至極爛爲度。此回回教人之法也。

注意

牛肉切塊後。不必用水洗過。又黃酒以少下爲宜。有時竟可弗用。

第二十九節　焦鹽甲魚

材料

牡丹甲魚二只。　陳黃酒五兩。　食鹽二兩。　文冰四兩。　生薑二片。

茴香料皮少許。

器具

鍋一只。　爐一只。　廚刀一把。　海碗一只。

製法

將活甲魚翻置地上。俟將伸頭反轉。即用刀殺死。再用滚水泡過。暫燜片時。剝皮破肚。洗淨後。切成小塊。惟須將足邊一種黃油割去。以免羶味。然後入鍋和水煮之。煮透再加陳黃酒食鹽薑片茴香料皮等作料。用細小文火燜爛。和以文冰。見汁已濃膩。即可起鍋供食。味美無匹。

注意

甲魚即鼈之一種。一名神守。有滋陰降火之功。其血和以麪粉或石灰。可止血。但夏秋之間。小蛇多化鼈。誤食殺人。宜先觀其腹上有無紅斑。再用細繩繫其尾。倒懸時許。覘其有無變化。最爲妥善之法。

第三十節　醋溜鱖魚——黃魚

材料

新鮮鱖魚一尾。　葷油四兩。　紹酒四兩。　陳醋二兩。　醬油四兩。

芡粉一小杯。　葱薑少許。

器具

鍋一只。　爐一只。　厨刀一把。　鏟刀一把。　碗一只。　大洋盆一只。

製法

將鱖魚去鱗淨肚既畢。再將魚之全身。用刀劃以縱橫痕迹。劃成畦形。因其肉厚不易煎透耳。然後鍋中燃大火。將鍋燒熱。先置葷油於鍋內。再以鱖魚投入鍋中炸之。另外以芡粉取水融化。加紹酒陳醋醬油和入芡粉碗。俟魚炸至兩面黃透。大約五分鐘後。卽將碗內和好之物。傾於鍋中。復加以葱薑等物。燒至湯汁將乾未乾之際。卽行起鍋。以盆盛之。其味酸嫩可愛。（醋溜黃魚法同）

注意

煎時恐魚脫皮。可先用水薑在鍋內擦過一次。則能免斯病。

第三十一節　燒糟黃魚

材料

黃魚一尾。　香糟一缽。　葷油二兩。　陳黃酒二兩。　醬油二兩。　大蒜頭五瓤。

器具

鍋一只。 爐一只。 鏟刀一把。 刀一把。 碗一只。

製法

將新鮮黃魚用刀除好。洗淨後。再將油鍋燒熱。倒入烹煎一小時。盛起藏於香糟鉢內。用器蓋密。勿使洩氣。翌日。將糟略爲刮去。入鍋中煮之。下以陳黃酒醬油大蒜頭等作料。越一刻鐘。卽可啖食。另有一番風味。非尋常烹調法所可比擬也。

注意

黃魚俗名夏魚。吾鄉於立夏日。除食海螄、櫻桃、梅子、杏子、酒釀、新蠶豆子、及鹽鴨蛋外。此魚必烹食之。

第三十二節　西湖醋魚

材料　鱓魚一尾。　醬油六兩。　筍丁半杯。　藕粉一杯。　葷油六兩。

器具　鍋一只。　爐一只。　鏟刀一把。　刀一把。　瓷盆一只。

製法　將鱓魚用刀去鱗雜洗淨。對剖爲二。橫斷爲三。置於瓷盆中。上鍋蒸之。勿著水煮。則鮮而且嫩。一面調葷油入鍋。並加細筍丁。俟滾起。乃調藕粉。傾入攪勻。出所蒸之魚。即將油鍋離火。入魚後。將鍋一掀。令魚翻身即佳。不宜燒之過久也。

注意　又法。將魚不落鍋。即用煎濃之葷油醬油筍丁藕粉等作料。澆之魚面者亦美。肉頗皎潔。而味鮮淡亦適口。

第三十三節　燒藕肉

材料
鮮藕一碗。　豬肉半斤。　陳黃酒半兩。　食鹽少許。

器具
鍋一只。　爐一只。　刀一把。　匙一把。　大碗一只。

製法
將藕洗淨泥質。削去其皮。用刀切成纏刀塊。再將豬肉切成薄片。一同入鍋加清水煮之。沸後加酒及煮爛熟。糝些食鹽。再煮片時。湯潔可鑑人。味美而衞生。

注意
食鹽少下爲上。愈淡愈妙。功能強胃解暑。爲夏菜上品。若羼雜扶助品。（即和頭。）則遜色不少矣。

第三十四節　烤鱖魚

材料　鮮鱖魚一尾。陳黃酒二兩。醬油二兩。松仁一盅。雪裏蕻半杯。網油一大方。葷油六兩。

器具　鍋一只。爐一只。刀一把。筷一雙。碗一只。

製法　將鱖魚用刀切塊。去刺。然後加陳黃酒醬油松仁雪裏蕻等作料。取筷拌匀。淯浸片時。即用網油包裹。以線紮緊。置碗上鍋。蒸七八分熟。即可取起。入熱油鍋內煠之。俟極黃脆。撈起。即熟。爛之外焦裏嫩。異常香美也。

注意

按松江鱸魚。亦可採納此法。酌量五味行之。再粵菜有拆燒。卽烤肉。將全豬製成。法亦如之。西人稱粵菜爲唐菜。實則不能代表中國全部也。

第三十五節　蒸蛋

材料

雞蛋四枚。　火腿屑半杯。　干貝四五箇。　乳腐露半杯。　葷油一兩。　陳黃酒一兩。　食鹽一撮。　葱屑少許。

器具

鍋一只。　爐一只。　筷一雙。　厨刀一把。　匙一把。　大碗一只。

製法

將雞蛋用筷調之極和。不必加水。再加入火腿屑干貝乳腐露葷油陳黃酒食鹽葱屑等。置飯鍋蒸之。二透便熟。味極肥美。（治干貝法。詳第三編葷菜欄內第三十九節）且干貝豈食可。橫嚼亦可。其嫩無匹。

注意

乾炖曰蒸。和水曰炖。方法自有分別。如用銀魚亦鮮。俗名泥魚。又名灰鬧。大小均美。吾家相傳掃墓祭祖。必用刀魚灰鬧二色。故族中至今仍之。回憶曩時。家君嘗爲予言之。

第三十六節 粉蒸魚

材料

大鯽魚一尾。 腿花肉四兩。 藕粉一盅。 陳黃酒二兩。 醬油二兩。

香菌半兩。 食鹽葱屑薑末等少許。

器具

鍋一只。 爐一只。 竹架一箇。 刀一把。 磁盆一只。

製法

將鯽魚用刀除好。洗淨後置入磁盆中。用陳黃酒醬油食鹽淆好。上面鋪以肉腐。和些藕粉。再加香菌葱屑薑末等。在炊飯鑊時蒸之。燜五分鐘。卽可取食。

注意

多蒸則火候過。魚老而不鮮矣。

第三十七節　蒸熊掌

材料

熊掌一只。　陳黃酒二兩。　醬油二兩。　酸醋及薑蒜少許。

器具

鍋一只。　爐一只。　洋盆一只。　厨刀一把。

製法

將熊掌用温水泡過。俟輭撈起。再用沸水泡洗。去毛令淨。裝入洋盆中。加以陳黃酒酸醋。上鍋蒸爛。拆骨用刀切片。再入盆中。同雞肉汁醬油酸醋薑蒜等再蒸。至極爛熟爲度。

注意

熊掌爲八珍之一。雖非普通家庭所宜食。然製法不可不知。茲錄蒸熊掌一法。聊貢老饕家之嘗試云爾。

第三十八節　蒸豬腦

材料

豬腦二付。　網油一方。　陳黃酒半兩。　醬油半兩。　水薑二片。　食鹽少許。

器具

鍋一只。　爐一只。　鍋架一箇。　刀一把。　碗一只。

製法

將豬腦抽柴心捲盡紅筋。漂洗水中。乃用網油包裹。以線紮住。盛入碗中。加以陳黃酒醬油薑片食鹽等。上飯鍋蒸炖成熟。便可噉矣。

注意

又法。用雞蛋麪粉入油鍋炸之。味不讓於高麗肉。

第三十九節　蒸火貝

材料

火肉片半杯。　干貝半杯。　陳黃酒一兩。　蝦子醬油半兩。　白糖少許。

器具

鍋一只。　爐一只。　架一箇。　刀一把。　碗一只。

製法

將火肉用刀切成厚片。再將干貝用陳黃酒浸放。約一小時。另置碗中。上蓋火肉。再下陳黃酒及蝦子醬油白糖。用紙封好碗口。入鍋蒸之。四五透可食。

注意

蒸二三箇飯鑊亦佳。

第四十節　蒸刀魚

材料

刀魚一尾。　陳黃酒一兩。　醬油一兩。　板油一方塊。　芡粉一撮。

香菌筍片若干。

器具

鍋一只。　爐一只。　鏟刀一把。　架一箇。　碗一只。

製法

將刀魚洗淨。以橄欖汁塗刀魚脊骨上。將脊鰭刺入鍋蓋上。鍋中盛陳黃酒醬油及板油小塊等作料。細火燒之。則魚肉盡落鍋中。略加芡粉和之。使魚肉成厚糊漿狀。加以香菌筍片。將魚盛入碗中。略加肉汁。味絕美而無骨鯁之患。若無肉汁加入。恐無此美耳。

注意 又有一法。亦可無骨鯁之患。法用刀將魚背切之。使其碎骨盡斷。而置鍋內煎之。使成黃色。再加以作料。則食時其骨似無。味亦鮮美。

第四十一節　蒸鰣魚

材料 鰣魚一尾。　酒釀半杯。　蜜糖半兩。　陳黃酒一兩。　食鹽半兩。

器具 鍋一只。　爐一只。　架一箇。　刀一把。　碗一只。

製法 將鰣魚去腸不去鱗。用布拭去血水。放入碗內。加酒釀蜜糖陳黃酒食鹽等作料蒸之。再用火腿湯雞湯筍湯煨之。或油煎加醬油酒釀亦佳。

注意

鰣魚不可去其背鱗。蓋肥美在鱗。若去鱗則眞味全失矣。

第四十二節　蒸空心肉丸

材料

鮮豬肉半斤。　葷油一杯。　陳黃酒一兩。　醬油一兩。　食鹽葱薑各少許。

器具

鍋一只。　爐一只。　廚刀一把。　匙一把。　洋盆一只。

製法

將豬肉內油網淨盡。用刀剁碎成糜。然後將陳黃酒醬油食鹽葱薑等作料。淯浸一過。取凍葷油一小團作餡子。置肉內製成圓。入盆裝好。乃上飯鍋蒸熟。則油滾去而肉圓空心矣。

注意

按此種肉丸。鬆美可口。雖老人無齒者亦能啗之。法以鎭江人爲最善。

第四十三節　酒炖肉

材料

豬肉一斤。　陳黃酒一碗。　醬油一杯。　花椒葱薑少許。

器具

鍋一只。　爐一只。　鏟刀一把。　厨刀一把。　鍋架一箇。　碗一只。

製法

將豬肉入水焯過。一透取出。用刀切成方塊。同陳黃酒清水炖有七八分熟。加入醬油及花椒葱薑等物。不可蓋鍋蓋。俟其將熟。蓋鍋蓋以燜之。不可用武火。總以文火爲佳。燜爛分外清香。

注意

酒炖肉或先用老燒法。將肉入油鍋內煠透。令皮帶赤。然後用黃酒醬油花椒葱薑等炖之。

第四十四節 煨蒲芽

材料

蒲芽四兩。 火腿汁一碗。

器具

鍋一只。 爐一只。 碗一只。

製法

將蒲芽剝去其根。用水洗淨後。入鍋加火腿原汁煨之。煨熟。昭之味最嫩鮮。准入常食之。

注意

蒲芽春時爲嫩。至夏時須多剝幾層。味亦佳勝。

第四十五節　煨南腿

材料

南腿一斤。白菜一棵。蜜糖半杯。酒釀半杯。

器具

鍋一只。爐一只。厨刀一把。鏟刀一把。碗一只。

製法

將南腿一方。用刀削下外皮。去油存肉。即用肉汁將皮煨爛。再用雞汁將肉煨爛。放入白菜心連根切段約二寸許長。加蜜糖酒釀清水等。用文火煨半日。食之上口甘鮮。肉菜入口即化矣。

注意

南腿即雲南火腿。出金華蘭溪義烏三處者亦佳。煮熟後若離湯乾放碗中。則風燥而肉枯。再用白水煮之。則味淡。最好留些原湯。待下次用以同煮。其味不變。

第四十六節　烤兔子

材料

兔子一只。腿花肉半斤。雞蛋二箇。香菜胡椒陳黃酒食鹽各少許。葡萄酒半杯。乾麪粉一碗。

器具

刀一把。鐵條一根。叉子一把。洋盆一只。

製法

將野兔子皮剝下。並破肚洗淨。耳朶尾巴須剝周全。四蹄斬去。把四條腿彎曲貼身。用鐵條前後串過去。把頭用小鐵條從口裏串進。如活兔擡頭之狀。先將兔子肝切碎。加肉腐香菜胡椒陳黃酒食鹽。用雞蛋調和。塞入肚內。烤時先用叉子。叉幾箇小孔。用葡萄酒擦一擦。掛在火前。用乾麪粉漿塗抹在外面。烤熟揭去麪漿。再用生雞蛋擦在週身。隨烤黃色。香脆留齒頰。韻味超羣。

注意 野兎色黃褐。味美。家兎色白。味酸不堪食。

第四十七節　烤牛肉——羊肉

材料 牛肉一斤。　食鹽三兩。　乾麪粉少許。

器具 火爐一只。　鐵叉一箇。　大洋盆一只。

製法 將牛肉一塊。擦鹽於其上。醃一二小時。用鐵叉掛在火爐前。掛平。須離火稍遠。先烤有骨頭之一面。烤熟再反過來。離火近一點。不多一刻時候。卽可烤熟。烤時用器放在肉下。所出之湯汁。頻澆在肉上。未熟之前半小時。用些乾麪粉。撒在肉上。以防枯焦。

注意 烤羊肉法同。

第四十八節 煮鮑魚

材料 鮑魚半斤。 陳黃酒一兩。 食鹽少許。 蠶繭數箇。

器具 鍋一只。 爐一只。 碗數只。

製法 將鮑魚洗淨。同清水入鍋煮之。約一小時。將原湯傾出。另儲一處。重入清水並加以蠶繭數箇同煮。歷半小時卽爛。然爛則爛矣。惟魚中沾有繭氣。尙不可食。卽將繭與湯一併棄去。復加清水煮之。如繭氣一次難盡。再易清水一次。終以煮至無繭氣爲止。然後將初次煮出之湯（卽原湯）加入。更下以雞汁。煮片時。下陳黃酒食鹽少許。待至一透。卽成可口之物。故如法烹煮。則鮑魚無有不鬆爛者。

注意

設烹煮時。不用蠶繭同煮。雖經日夜煮之。仍堅硬如常。

第四十九節　煮蓮肚

材料

豬肚子一只。　湘蓮子四兩。　食鹽葱薑各少許。

器具

鍋一只。　爐一只。　廚刀一把。　盆一只。

製法

將豬肚子洗淨。用食鹽擦透。將湘蓮子去心。納入肚內。以線紮住。下鍋加清水炊之。燒透加些食鹽葱薑之類。然後用文火煨之。火候到。即可食。

注意

病人宜淡食。大有開胃健脾之功。洗肚用赤砂糖或食鹽同擦。臭味即無。湘蓮俗稱紅蓮。可以代茶。

第五十節　煮魷魚

材料

魷魚半斤。　陳黃酒二兩。　醬油二兩。　薑末葱屑葷油各少許。

器具

沙鍋一只。　銅鍋一只。　大爐一只。　洗帚一箇。　廚刀一把。　大碗一只。　筷一把。

製法

將魷魚放入沙鍋中。加清水煮五分鐘。再將米泔水浸一晝夜。用洗帚洗淨。換清水漂三日撩起。用刀切成骨牌塊。浸漬於陳黃酒醬油薑末中。越一小時之久。另用銅鍋燒沸雞湯。加以葱屑葷油。如食宵夜。然食時。將筷取魚一塊。浸入熱湯中燙之。霎時可食。味絕鮮嫩可口。

注意

取食時。蘸以醬醋等。味亦可口。

第五十一節　燒青蛙

材料

肥青蛙半斤。　茭白四箇。　葷油一兩。　陳黃酒半兩。　醬油一兩。
白糖食鹽少許。

器具

鍋一只。 爐一只。 剪刀一把。 刀一把。 碗一只。

製法

將青蛙用剪刀剪開脰頸。向下剝去其皮。剪去其爪。漂洗潔淨。然後入油鍋爆之。少時下以鹽酒。再下葱白片醬油清水。最後用白糖和入。旋即嘗味。盛起供食。啗之味鮮無埒。

注意

將毛荳子加入少許。更爲美觀。

第五十二節 燒豬肝

材料

豬肝一塊。 葷油半兩。 陳黃酒一兩。 醬油一兩。 食鹽白糖少許。

器具

鍋一只。爐一只。鏟刀一把。刀一把。碗一只。

製法

將豬肝用刀切成細條。入清水漂清後。即倒下熱油鍋內爆之。摻些食鹽。再炒片刻。傾下陳黃酒。再行蓋鍋蓋。俟其透味。放以醬油清水。燒沸。和以白糖。起鍋啖之。味甚鮮嫩。

注意

清水若換雞肉汁。其味尤鮮。

第五十三節　燒雪魚

材料

塘裏魚六條。雪裏蕻半碗。陳黃酒半兩。醬油一兩。葷油一兩。白糖葱薑少許。

器具

鍋一只。爐一只。刀一把。鏟刀一把。碗一只。

製法

將塘裏魚除去鱗雜。破肚去膽。洗淨後。乃消在醬油陳黃酒葱薑之調和液中。浸漬半小時。卽下熱油鍋中煎之。煎透。傾下陳黃酒。蓋蓋片時。再下以醬油雪裏蕻及清水一碗。燒透。加白糖和味。卽可鏟入碗中。不論喝酒下飯時。啜之味均鮮美。

注意

將塘裏魚先以薄鹽醃一夜。可以不必浸漬調和液中。

第五十四節　燒蠶荳魚

材料

新蠶荳子一碗。塘裏魚半斤。菜油二兩。陳黃酒二兩。醬油二兩。白糖食鹽少許。

器具
鍋一只。爐一只。鏟刀一把。刀一把。碗一只。
製法
將新蠶荳子剝成荳瓣。再將魚除淨淸好。然後將油鍋燒熱。倒入爍之。少時。下以陳黃酒。使去腥氣。再隔片時。下以醬油食鹽。燒一透。嘗味加糖。味和卽可供飯餐矣。
注意
若易以老蠶荳。則味遜色矣。

第五十五節　燒豬頭膏

材料
豬頭一箇。（約五六斤重）　陳黃酒三斤。　茴香三錢。　葱三十枝。
醬油一碗。　白糖二兩。

器具

鍋一只。　爐一只。　厨刀一把。　鏟刀一把。　缽一只。

製法

將豬頭用開水泡過。再用厨刀刮去毛汚。洗之極淨。用鹽擦遍。越二三小時。入鍋加黃酒煮之。茴香及葱。亦於同時放下。煮二百餘滾。傾入醬油白糖。俟爛嘗味。再加沸水半鍋。用武火燒一小時。然後以文火收膏。將鏟盛入缽中。待冷成凍。卽名豬頭膏。

注意

豬頭食法。以斯法爲上。餘則不佳。

第五十六節　燒腿筒

材料

腿筒二斤。　陳黃酒一斤。　醬油半碗。　紅棗五箇。　陳皮一錢。　葱屑椒末少許。

器具

熝鍋一只。　風爐一具。　大瓷匙一把。　大湯碗一只。

製法

將腿筒洗淨。先用清水熝爛。卽行去湯。再將陳黃酒醬油紅棗陳皮等放入。一同熝爛。起鍋時。摻入葱屑椒末。然後去紅棗陳皮。卽可食矣。

注意

若能先用雞湯代水熝爛愈佳。

第五十七節　炒蛋蟹

材料

雞蛋四枚。　木耳十只。　葷油二兩。　鎮江醋半盅。　生薑米半盅

白糖少許。

器具

鍋一只。 爐一只。 鑊刀一把。 碗一只。

製法

將雞蛋黃白分開。各自打和。拌以木耳。木耳須切大小不等之塊。置油鍋中炒之。再加鎮江醋與生薑米。要時和入白糖。旋卽取出。盛於碗中。其味與色。不亞於眞蟹。

注意

最好和入蒸熟鱖魚一尾。味尤美。

第五十八節 炒南瓜

材料

青南瓜四兩。 葷油半兩。 食鹽一撮。

器具

鍋一只。爐一只。刀一把。鏟刀一把。洋盆一只。

製法

將南瓜用刀切絲。倒入葷油鍋中炒之。引鏟攪炒。不可停手。少時可以下鹽。卽行起鍋。其嫩無比。

注意

南瓜老熟者。不能炒食。以煮食爲宜。南瓜又名番瓜。

第五十九節　炒牛肉絲

材料

牛肉半斤。葷油二兩。醬油三兩。葱薑及酸醋天花粉各若干。

器具

鍋一只。爐一只。廚刀一把。鏟刀一把。碗一只。盆一只。

製法

將牛肉用刀切成細絲。取醬油葱薑淯於碗中。浸漬十五分鐘。另以酸醋天花粉各少許放入調和。然後燒熱油鍋。倒入炒之。約引鏟炒七八炒。將鐵鍋起去二三摔。卽佳。其味鮮嫩無比。

注意

照此炒法。可免老而乏味。惟酸醋不宜過多。恐酸而不鮮。肉料選肘子爲佳。

第六十節　炒羊肉絲

材料

羊肉一斤。　醬油四兩。　菜油二兩。　陳黃酒二兩。　韭菜一紮。　大蒜葉二枝。　白糖眞粉少許。

器具

鍋一只。　爐一只。　鏟刀一把。　厨刀一把。　洋盆一只。

製法

將羊肉去其皮骨。用刀切成細絲。用醬油淆好。片時。將油鍋燒熱。待沸。倒下炒之。脫生後。下陳黃酒醬油清水。略煨片刻。起鍋紅色。加韭菜尤香。並下白糖眞粉。愈細愈佳。再用大蒜葉切絲拌之。

注意

羊有羶氣。加入刺眼核桃可吸去古法也。

第六十一節 炒假竹雞

材料

精豬肉六兩。 醃菜冬菜晚菘共半碗。 陳黃酒一兩。 醬油一兩。

白糖藕粉少許。 葷油一兩。

器具

鍋一只。 爐一只。 刀一把。 鏟刀一把。 碗數只。

製法

將精肉用刀切成骨牌片。漂洗潔淨。放在陳黃酒醬油碗中。浸漬二三小時。然後將油鍋燒沸。將肉倒入油中。引鏟徐徐炒之。少時。下以浸清之陳黃酒醬油。再炒片時。復加醃菜冬菜晚菘等扶助品。用細丁併和一透之後。和以白糖藕粉。將鍋關蓋少選。乃起鍋嚐之。味鮮芳香。

注意

炒眞竹雞法同。不備述。

第六十二節　炒雨前蝦仁

材料

蝦仁一碗。　雨前茶葉一撮。　雞蛋一枚。　食鹽少許。　葷油一兩。

器具

鍋一只。　爐一只。　鏟刀一把。　洋盆一只。

製法

將雞蛋打開。去黃留白。打之極和。加茶葉和蝦仁拌勻。滲下食鹽。即可倒入熱油鍋內炒之。速炒片時。即行起鍋。食之嫩香甘美。

注意

若用雞汁作羹湯。亦饒風味。

第六十三節　炒火腿蛋

材料

雞蛋四枚。　牛奶油三匙。　灰麪三匙。　牛乳一杯。　食鹽胡椒末少許。　火腿丁小半杯。

器具

鍋一只。　爐一只。　鏟刀一把。　筷一雙。　碗一只。　洋盆一只。

製法

將雞蛋打於碗內。用筷將蛋白蛋黃攪勻。先以鍋盛牛奶油。向火間溶化。復加灰麪牛乳。以小火煮之。煮次時以鏟攪動。俟其起白皮時。再以食鹽胡椒末火腿丁。同雞蛋加入。又置鍋於微火之上。烘之片時。卽熟。

注意

腐敗之卵。食之有礙衞生。不堪用。

第六十四節 炒木樨蛋

材料

雞蛋三四枚。 木樨醬一杯。 文冰半兩。 菜油二兩。 山楂糕二塊。

茨粉少許。

器具

鍋一只。 爐一只。 鏟刀一把。 厨刀一把。 筷一雙。 洋盆一只。

製法

將雞蛋打極透。少加芡粉。再與木樨醬冰糖水調和。然後倒入熱油鍋內炒之。引鏟竭力攪拌。比蛋漸濃厚取出。加山楂糕丁。卽得。以之饌客。倍極歡迎。

注意

炒時。攪拌宜速。油亦宜多。則質厚而不黏勻。味乃異常甜美。

第三章　素菜

第一節　三鮮湯

材料

蔴菰八只。　冬笋一只。　冬菜半兩。　醬油半兩。　食鹽少許。　蔴油數滴。

器具

鍋一只。　爐一只。　厨刀一把。　大湯碗一只。

製法　將蔴菰放好。用食鹽擦去沙質。入鍋煮湯。煮一透。將冬筍片冬菜絲放下。再一透。加以醬油食鹽。即行關蓋燒熟。然後盛入大湯碗中。用蔴油滴下。食之湯味清美。

注意　冬筍冬菜先用油炒熟。然後同蔴菰煮成湯亦可。

第二節　三絲湯

材料　筍一只。　扁尖半兩。　榨菜半兩。　食鹽一撮。　蔴油少許。

器具　鍋一只。　爐一只。　刀一把。　大湯碗一只。

製法

將筍脫壳切絲先行煮半熟再將扁尖榨菜切絲。同筍絲煮之。煑沸加以食鹽。霎時即可起鍋。滴以蔴油。味亦香美。

注意

扁尖須先用水放嫩。

第三節　莧玉湯

材料

莧玉六只。　筍一只。　香菌六只。　陳黃酒半兩。　食鹽半兩。　白糖少許。　蔴油數滴。

器具

鍋一只。　爐一只。　大湯碗一只。

製法

將莧玉用陳黃酒浸之。片時。同清水入鍋煮之。再將筍片香菌放入。加以陳黃酒食鹽。燒二三透。和下白糖。即可起鍋。用蔴油滴入。便可食矣。

注意

香菌亦先用水放之。

第四節 冬菰湯

材料

冬菰八只。 笋一只。 香菌八只。 醬油半兩。 食鹽少許。 蔴油數滴。

器具

鍋一只。 爐一只。 刀一把。 碗一只。

製法

將冬菰同香菌用沸水放過。用笋切成小塊。放入鍋中煮成湯。以醬菰油食鹽。起鍋時滴以蔴油。更覺清香。

注意

白糖稍下亦鮮。

第五節　粉皮湯

材料

粉皮四張。　扁尖四根。　毛荳子半杯。　醬油一兩。　食鹽一撮。　白糖蔴油少許。

器具

鍋一只。　爐一只。　刀一把。　碗一只。

製法

將粉皮用刀切成四五分之長條。用溫水揑清。再將扁尖撕絲。毛荳剝子。一同入鍋煮之。加下醬油食鹽。燒三四沸。卽可食。

注意

粉皮不用熱水捏過。有酸氣。

第六節　清筍湯

材料

筍二只。　京冬菜半兩。　陳黃酒少許。　醬油二兩。　白糖蔴油少許。

器具

鍋一只。　爐一只。　刀一把。　碗一只。

製法

將筍去殼。用刀切成薄片。入鍋加清水煮之。煮沸。加下京冬菜。并加入陳黃酒醬油。再煮數沸。摻以白糖。食時滴入蔴油。其味清香。

注意

湯水用蔴菰湯或香菌湯最鮮。

第七節　豆腐鬆湯

材料

豆腐二方。　菜油二兩。　蔴菰六只。　醬油一兩。　食鹽少許。　白糖蔴油少許。

器具

鍋一只。　爐一只。　碗一只。　布一方。

製法

將豆腐用布擠乾其水。再將油鍋燒熱。倒下煎之。以煎鬆爲度。然後加蔴菰及湯煮之。少時再以醬油食鹽白糖依次和下卽可。

注意

煎時以油爲佳。否則不鬆。

第八節　海帶絲湯

材料

海帶絲二兩。香菌木耳半兩。筍半只。食鹽半兩。蔴油少許。

器具

鍋一只。爐一只。鏟刀一把。大湯碗一只。

製法

將海帶絲用熱水過清。用刀切成寸段。同放好之香菌木耳及筍絲加香菌湯煮之。待沸下以食鹽。數透卽熟。用鏟刀盛於碗中。加些蔴油味香無比。

注意

食辣者湯內酌加辣油少許。不食者可隨意。

第九節　油豆腐湯

材料

油豆腐十箇。扁尖絲少許。香菌十只。醬油二兩。白糖蔴油少許。辣油半匙。

器具

鍋一只。爐一只。鏟刀一把。湯碗一只。

製法

將油豆腐用刀切成兩塊。同扁尖絲香菌醬油等同煮二沸之後。加以白糖蔴油辣油。即可食矣。

注意

油豆腐一名油麪筋。

第十節 葛仙米湯

材料

葛仙米半杯。筍一只。陳黃酒半兩。食鹽一撮。白糖蔴油少許。

器具

鍋一只。爐一只。刀一把。鏟刀一把。碗一只。

製法

將葛仙米浸放沸水中。待其發胖。加笋屑清水煮之。須用文火徐徐燜爛。下以食鹽。再加白糖蔴油。乃用匙食之。

注意

葛仙米先用瓦罐熩爛。費時較省。

第十一節　醃糟黃荳芽

材料

糟黃荳芽半斤。醬油二兩。食鹽半兩。白糖蔴油少許。

器具

鍋一只。爐一只。鏟刀一把。盆一只。

製法

將黄荳芽摘根。入鍋加清水醬油食鹽煮熟。用糟糟透。即成糟黃荳芽。

再用醬油蔴油白糖醃食。清香動人。

注意

或用糟油拌食。味亦相等。

第十二節　醃煨竹笋

材料

竹笋四只。　榨菜半兩。　醬油二兩。　白糖蔴油少許。

器具

厨刀一把。　盆一只。

製法

將竹笋帶殼放在熱火灰內。十分鐘後。取出剝殼。即熟。然後用刀切成塊。再將榨菜切成絲。一同用白糖醬蔴油拌於盆中。即可。

注意

過生過熟。均不佳。

第十三節　醃腐干絲

材料

荳腐干四塊。　大頭菜（蕪菁）半箇。　醬油半兩。　白糖蔴油少許。

器具

盆一只。　刀一把。

製法

將荳腐干用刀切絲。大頭菜亦切爲絲。卽用白糖醬蔴油拌和。可食。

注意

荳腐干以吾邑出產之山泉荳腐干爲最香。蕪菁產自寧波最大。

第十四節　拌荳板

材料

蠶荳半升。醬油二兩。蔴油少許。芥辣粉一撮。

器具

鍋一只。爐一只。盆一只。

製法

將蠶荳浸胖。約一夜。去皮。裝盆上鍋蒸熟。拌上醬蔴油。摻些芥辣粉。其味甚爲鮮美。

注意

蒸時須一氣蒸熟。否則不酥。

第十五節　醃假荳筍

材料

菜花菜梗四兩。食鹽一撮。醬油一兩。白糖蔴油少許。

器具
盆一只。刀一把。

製法
將梗剝去其皮。並去其細筋。切成小塊。或成寸段。用食鹽醃片時。再用醬蔴油及白糖拌之。即成。

注意
菜花菜即油菜。一名蕓薹。嫩時稱羽毛菜。（即青菜）四時都有。

第十六節　醃毛荳莢

材料
毛荳莢半斤。食鹽二兩。

器具
鍋一只。爐一只。盆一只。

製法

將毛荳莢剪去兩頭。洗淨後。倒入鍋中煮爛。然後加下食鹽。一透之後。便可食矣。

注意

以糟油拌食最美。

第十七節　醃洋菜

材料

洋菜半兩。　毛荳子二匙。　扁尖四根。　醬油二兩。　白糖蔴油少許。

器具

洋盆一只。　刀一把。

製法

將洋菜扁尖用溫水泡好。用刀切斷。同熟毛荳子拌以醬蔴油及白糖。

即可供食矣。

注意

洋菜泡時。用水不可過熱。以防融化。

第十八節　拌百葉

材料

百葉三張。　醬油半兩。　白糖蔴油少許。

器具

洋盆一只。　刀一把。

製法

將百葉切細條。用温鹼水泡嫩。瀝乾水汁。用醬蔴油白糖醃入盆中。即得。

注意

百葉不用鹼水泡過。食之不嫩。

第十九節　拌胡葱

材料

胡葱七八枝。　醬油半兩。　蔴油少許。

器具

洋盆一只。

製法

將胡葱揀盡枯葉。并去其根。在滾水中浸透。拌以醬油蔴油。乃可食。

注意

北人喜食之。有用青蒜亦可。

第二十節　汆臭荳腐乾

材料

白坯荳腐乾三十塊。 鹽水一鉢。 菜油二斤。 醬蔴油若干。

器具

油鍋一只。 筷一雙。 盆一只。

製法

將荳腐乾浸在鹽水中。夏季浸一夜卽可。投入熱油鍋內氽黃。拌以醬蔴油。下粥最清香可口。

注意

有不用醬蔴油而用辣虎拌而食之。夏秋時常有售。

第二十一節 炒假筍片

材料

芋麥梗四兩。 鹽蘿半杯。 菜油一兩。 醬油半兩。 白糖蔴油少許。

器具

鍋一只。爐一只，鏟刀一把。盆一只。

製法

將芋麥梗去苞粒。用刀切成筍片。倒入熱油鍋中炒之。約炒三四分鐘。加以醬油清水。一透之後。和以白糖。起鍋另滴蔴油。香味更佳。

注意

廢物利用。變作美品。有裨於經濟。

第二十二節 炒雪筍塊

材料

雪裏蕻四兩。筍一只。毛荳子半杯。菜油一兩。醬油一兩。白糖蔴油少許。

器具

鍋一只。爐一只。鏟刀一把。洋盆一只。

製法　將筍切小塊。雪裏蕻切細屑。一同倒熱油鍋中炒片時。放下毛荳子醬油清水。再燒一二沸。和下白糖。即可鏟入盆中。將蔴油滴入。其味頗美。

注意　切筍絲亦可。

第二十三節　炒茭白絲

材料　茭白八箇。　菜油半兩。　醬油半兩。　白糖蔴油少許。

器具　鍋一只。　爐一只。　鏟刀一把。　洋盆一只。

製法　將茭白先切薄片。再切成細絲。然後將菜油燒沸。倒下炒之。少時加以醬油清水。再炒片時。將白糖加下和味。食時另加蔴油。

注意 茭白絲內可加雪裏蕻屑爲佐助物。

第二十四節　炒長荳

材料 長荳四兩。　菜油半兩。　食鹽少許。

器具 鍋一只。　爐一只。　鏟刀一把。　碗一只。

製法 將長荳剪成寸段。用清水洗淨。倒油鍋內炒之。將食鹽放入。再隔片時。下以清水。即行關蓋煮熟。霎時可食。

注意

長荳以嫩爲可口。一名豇荳。

第二十五節　炒素肉丸

材料
荳腐三塊。　笋屑一杯。　香菌木耳屑半兩。　食鹽少許。　醬油二兩。
荳腐衣六張。　白花菜一碗。　白糖少許。　菜油四兩。

器具
鍋一只。　爐一只。　布一方。　鏟刀一把。　碗一只。

製法
將荳腐去水。同笋屑香菌木耳屑拌在一起。加以醬油食鹽再拌。然後用荳腐衣包裹成圓。卽行放入油內爆透。摻些食鹽少選。再下醬油白花菜清水。關蓋煮一二透。加糖嘗味再食。

注意

筍屑、香菌、木耳屑。愈細愈好。

第二十六節　炒芥藍菜

材料

芥藍菜半斤。　素油一兩。　醬油一兩。　白糖黃酒少許。

器具

鍋一只。　爐一只。　鏟刀一把。　碗一只。

製法

將芥藍菜洗淨。再行切碎。即將油鍋燒沸。倒下炒三四分鐘。下以醬油少選。再下黃酒。即時起鍋。便可嘗味。

注意

芥藍菜俗名橄欖菜。

第二十七節　炒大蒜頭

材料

大蒜頭半斤。　菜油二兩。　醬油一兩。　黃酒白糖少許。

器具

鍋一只。　爐一只。　鏟刀一把。　碗一只。

製法

將大蒜頭去根鬚洗淨後。倒入熱油內炒之。少時加以黃酒。關蓋時再加醬油。及清水一碗。燒爛稍下白糖。即就。

注意

用大蒜梗同煮亦可。

第二十八節　炒韭菜

材料

韭菜二紮。　百葉四張。　黃酒食鹽少許。　菜油一兩。

器具

鍋一只。爐一只。鏟刀一把。碗一只。

製法

將韭菜切成寸許之段。百葉切絲。即將油鍋燒熱。傾下炒之。加些食鹽黃酒。微下清水。二透可食。

注意

韭菜隔夜有毒。不宜再食。

第二十九節　炒蔴菰

材料

蔴菰八只。香菌八只。木耳半兩。白花菜一杯。食鹽白糖蔴油少許。醬油一兩。菜油二兩。

器具

鍋一只。爐一只。鏟刀一把。碗一只。

製法

將蔴菰放去沙質。倒鍋內炒之。片時加下香菌木耳白花菜。再炒二三分鐘。傾以放好之蔴菰香菌木耳水。再下食鹽醬油。燒一二透。嘗味加糖及蔴油。即可食矣。

注意

放過之汁水。宜去脚用之。

第三十節　炒素十景

材料

蔴菰八只。冬菇八只。荳腐衣二張。油荳腐八箇。扁尖四根。香菌八只。筍一只。白果八箇。毛荳子半杯。油條八根。食鹽半兩。醬油二兩。白糖蔴油半兩。菜油三兩。

器具

鍋一只。　爐一只。　鏟刀一把。　大海碗一只。

製法

將蘑菰冬菇扁尖香菌白果放好。荳腐衣扁尖切絲。油荳腐笋切片。同毛荳子油條倒入熱油鍋內炒之。約八九分鐘。下以食鹽醬油及蘑菰湯等。然後闔蓋燒熟。起鍋前再和入白糖蘑油。一透便可食矣。

注意

蘑菰湯不敷應用時。加以清水煮之。

第三十一節　大燒羅漢

材料

荳腐四方。　葛仙米半兩。　蘑菰十只。　香菌十只。　笋一只。　食鹽少許。　醬油二兩。　白糖蘑油少許。　菜油二兩。

器具
鍋一只。　爐一只。　刀一把。　碗一只。

製法
將葛仙米蔴菰香菌用沸水放足。將筍切片。再將荳腐製成圓。倒下油鍋煎黃。然後將上列之物倒入。加以食鹽醬油淸水等。煮三四透。和入白糖盛起。以蔴菰香菌筍片腐圓裝於碗底。面上鋪葛仙米。用蔴油滴入少許。卽就。

注意
腐圓製法。見炒素肉丸法。

第三十二節　葱燒荳腐

材料
荳腐四方。　胡葱八枝。　食鹽少許。　醬油半兩。　白糖二匙。　菜油一兩。

器具 鍋一只。 爐一只。 刀一把。 鏟刀一把。 碗一只。

製法 將嫩荳腐用刀切作骨牌塊。待油鍋沸時。下油鍋煎之。煎透。下以食鹽。少時。再下胡葱段醬油清水等。關蓋燒一二透。加糖和味。餤味頗佳。

注意 酌加砂仁末。以引香味更佳。

第三十三節 小燒荳腐

材料

嫩荳腐五方。 香菌六只。 金針菜少許。 木耳六只。 食鹽少許。

醬油半兩。 白糖一撮。 香料少許。 菜油二兩。

器具
鍋一只。爐一只。刀一把。鏟刀一把。碗一只。

製法
將荳腐切成小塊。先行入鍋煎黃。摻些食鹽。加以香菌金針菜木耳等扶助物。再加清水香料醬油。如已入味。和下白糖。然後食之。

注意
小燒荳腐。俗稱雞搜荳腐。材料放多。即大燒荳腐矣。

第三十四節　紅燒茄子

材料
茄子六只。韭菜一紮。食鹽少許。醬油二兩。甜醬二匙。陳黃酒白糖少許。菜油二兩。

器具

鍋一只。爐一只。鑊刀一把。碗一只。

製法

將茄子切纏刀塊。韭菜切斷。然後將油鍋燒熱。倒下炒之。三四分鐘。加以陳黃酒。再加食鹽醬油甜醬。待至燒爛。和以白糖。便可起鍋供食矣。

注意

茄子不必去皮。

第三十五節　紅燒山藥

材料

山藥半斤。醬油二兩。文冰半兩。菜油二兩。

器具

鍋一只。爐一只。鑊刀一把。碗一只。

製法

將山藥去皮。用刀切成塊。即將油鍋燒熱。放下煎之。再引鏟攪動炒之。少時。加下清水一碗。蓋蓋燒爛。再傾入醬油。起鍋時和以文冰。俟已濃厚。鏟而食之。味頗甜美。

注意

燒時再加以香料少許。

第三十六節　燒素肉

材料

荳腐三塊。　扁尖屑香菌筍屑各半杯。　荳腐衣三張。　食鹽少許。

醬油二兩。　菜油二兩。　蔴油一匙。

器具

鍋一只。　爐一只。　碗一只。

製法

將荳腐調爛。同扁尖屑香菌屑笋屑食鹽醬油菜油等料。亦將調和之。盛於碗中。上面蓋以油氽黃之荳腐衣。上飯鍋蒸熟。取起滴以蔴油。即成素肉矣。

注意

菜油用熬熟菜油。

第三十七節　燒八寶腐丸

材料

荳腐四方。　嫩笋半只。　扁尖香菌屑半杯。　醬瓜薑三塊。　荸薺松子仁屑半杯。　眞粉一杯。　食鹽一撮。　醬油二兩。　陳黃酒少許。　白糖蔴油少許。　菜油三兩。

器具

鍋一只。　爐一只。　鏟刀一把。　碗一只。

製法　將筍切屑。同扁尖屑香菌屑醬瓜醬薑小塊。及荸薺松子仁屑用刀斬細。拌爛荳腐。將上物一併加下。以眞粉和之。捏成圓形。然後煎之。傾以陳黃酒食鹽醬油燒熟。和入白糖。味美異常。

注意　用醬瓜薑以嫩爲美。

第三十八節　炖素蛋

材料　臭荳腐干四塊。　木耳金針菜香菌扁尖少許。　白糖蔴油各半匙。

薑屑半匙。　菜油半兩。

器具　飯鍋一只。　鍋架一箇。　碗一只。　筷一雙。

製法

將白坯荳腐干先一夜浸於雪裏蕻菜滷中。明日取出。裝入碗中。用筷調和。上面加以木耳屑、金針菜屑、香菌屑、扁尖屑。另加白糖蔴油薑屑菜油等料。然後移上鍋架蒸之。飯熟可食。形似炖蛋。

注意

冬季須將荳腐干浸二三夜。夏令天熱。一夜足矣。

第三十九節　棗油

材料

紅棗五斤。

器具

鍋一只。　爐一只。　研缽一只。　布一方。　盤一只。

製法

將紅棗入鍋煮之。煮沸。取出入研缽中碾細。用布絞取其汁。塗盤上晒乾。其形似油。以手磨刮爲末收之。每以一匙於湯碗中。卽成美漿。宛如日本之味之素。中國之味精和合粉。

注意

加入甜酸等味均佳。和麪內食之。裨益脾胃。

第四十節　客製菌油

材料

鮮菌二斤。　菜油二兩。　醬油二斤。　食鹽少許。　蔴油四兩。

器具

鍋一只。　爐一只。　鏟刀一把。　缽頭一箇。　蓋一箇。

製法

將鮮菌洗淨。用菜油入鍋煎之。三四分鐘後。下以醬油食鹽。卽用細火熬之。越一小時。用鏟盛入鉢中。待冷。以蔴油傾和。卽可起用。夏日不壞。

注意

菌油爲素食良友。誠素食者不可不辦之扶助品也。吾邑虞山松菌最有名。茅柴菌次之。用製菌油特良。如能裝成罐頭食物。可以運銷內地。較之冠生園用乾菌放製者。不啻有雲泥之判矣。

第四章　鹽貨

第一節　鹽豬頭

材料

豬頭一箇。　食鹽二斤。　陳黃酒半斤。　花椒一兩。

器具

二斗缸一只。　鐵刀一把。　重石頭一塊。　大乾荷葉三張。

製法

將豬頭用鐵刀斫成兩爿。放入缸內。擦以食鹽。再加陳黃酒花椒。以荷葉蓋面。壓石於其上。月餘取出晒乾。便可烹煮供食。

注意 晒時防蚊蠅來吮。

第二節 鹽螺螄

材料 螺螄二斤。 食鹽一斤。 陳黃酒二兩。 醬油蔴油少許。

器具 罏一箇。 箏籜三張。

製法 將螺螄養淸汚泥。用水過淸。倒入罏內。再將食鹽陳黃酒加入。用箏籜固封其口。隔日可食。

注意
食時拌以醬蔴油。

第三節　鹽蚌肉

材料
蚌肉五斤。　食鹽一斤。　陳黃酒二兩。

器具
鍋一只。　爐一只。　斗頭缸一只。　鼓墩石一塊。

製法
將蚌肉擠去泥沙。倒入鍋內。焯一透。用清水過清。傾入缸內。層層以食鹽醃勻。加以陳黃酒。再將鼓墩石壓上。旬餘可煮食之。

注意
蚌肉即水菜。

第四節　鹽醋豚

材料　豚肉十斤。　食鹽十二兩。　酸醋二升。　白糖四斤。　胡椒香料一兩。清水四升。

器具　鍋一只。　爐一只。　缸一只。

製法　將豚肉加食鹽煮五分鐘撈起。再將食鹽酸醋白糖胡椒香料清水一併入鍋煮沸。冷於缸內。卽將豚肉放在缸中浸漬。封固以防洩氣。不出四五日。卽可蒸食之。

注意　其他如豚之肚臟耳舌肝尾等。亦可同入浸之。

第五節　鹽泡魚

材料
大鯉魚一尾。（約十餘斤。）　食鹽一斤。　皮硝少許。　花椒一兩。
陳黃酒半斤。　菜油五斤。

器具
鍋一只。　爐一只。　刀一把。　竹片二根。　缸一只。　罎一只。

製法
將鯉魚破肚去鱗雜。用竹片撐開。作魚板狀。用食鹽皮硝花椒等入鍋炒好。將魚板兩面擦透。醃在缸中。過一年後。懸起晒乾。切成長三寸闊二寸之魚塊。用陳黃酒浸五分鐘。撈起吹乾。然後將罎內洗淨。用火烘乾。加熬熟菜油於罎內。冷一宵。將魚浸堆其中。以浸沒爲度。越時一月。清蒸爲佳。

注意

鯉魚食不盡時。饅油須一月一換。

第六節　鹽包風魚

材料

鯽魚一斤。　鹽水一鉢。　豬油四兩。　花椒少許。

器具

鉢一只。　刀一把。　碗數只。

製法

將鯽魚除淨。腹部挖一孔。去其肚。雜刷去血跡。浸於鹽水中。時越一星期。取出曝於日中。約三四日晒乾後。復加豬油花椒。渾和塞入腹中。外用紙封固。掛在檐下通風處。半個月可食。

注意

食時乃上鍋蒸之。以油出爲度。鮮美適口。

第七節　鹽霜梅

材料

青梅十斤。　食鹽四斤。

器具

缸一只。　鎚一箇。　罎一只。

製法

將青梅洗淨。用食鹽醃拌。置於缸中。三四日後。取出晒乾。用鎚打扁。即入鍋上蒸之。蒸後再晒。晒後再蒸。如是三四次。即成霜梅矣。

注意

鹽霜梅即鹽梅子。

第八節　鹽楊梅

材料
楊梅十只。　食鹽一撮。
器具
磁盆一只。
製法
將楊梅放在磁盆中。以冷井水灌之。再用食鹽撒下。隔十餘分鐘。有小蟲竄出。食之而無害。非眞以楊梅鹽也。將以殺蟲耳。
注意
小蟲寄生蟲也。

第九節　鹽蘆筍

材料
蘆筍十斤。　食鹽二斤。　茴香末半兩。

器具
缸一只。　刀一把。　石一方。　罎一只。
製法
將蘆笋用刀切成兩爿。放入缸內。用食鹽醃之。上面壓以重石。越旬日撈起。晒於日光。俟至微乾。傾入罎內。加些香料。固封其口。旬餘可食。
注意
食時另加白糖醬蔴油拌食。

第十節　鹽荳腐

材料
荳腐二方。　食鹽三匙。
器具
碗一只。　刀一把。

製法

將荳腐用刀切成小方塊。然後用食鹽層層醃入碗中。三四日可食。

注意

鹽荳腐日數稍多。卽成養荳腐。

第十一節　鹽麪筋

材料

麪筋團五斤。食鹽一斤。醬油三斤。

器具

鍋一只。爐一只。罎一只。籠一只。

製法

將麪筋團入鍋煮熟。用籠一具。底鋪稻柴。置麪筋其上。再以稻柴覆蓋。放於和暖之處。俟其發酵。生出黴菌。越數日。卽可醃入罎中。用醬油浸漬。半月可食。

注意

以之煮湯。味頗鮮美。

第十二節 鹽番茄

材料

番茄四斤。食鹽一斤。砂糖半斤。酸醋二碗。花椒丁香薑末芥辣粉香料各若干。

器具

鍋一只。爐一只。刀一把。缸一只。玻璃瓶一箇。

製法

將番茄用刀切片。用食鹽醃漬於缸內。時越一夜。撈起瀝乾。倒入鍋中。燃火煮之。煮沸。卽行加以砂糖酸醋花椒丁香薑末芥辣粉香料等物。

燒至柔軟爲止。稍冷儲藏玻璃瓶中。封固候用。

注意

食之適口。異常開胃。

第十三節　鹽瓶菜

材料

菜花菜十斤。　食鹽三斤。　五香料若干。

器具

小罎一只。　缸一只。　刀一把。　竹籜二張。

製法

將菜揀其嫩芽。用刀切成二三寸長。向日晒至微乾。用食鹽醃於缸中。越宵榨去鹽汁。再用食鹽五香料醃於小罎中。菜須撳緊。以籜封口。合置稻柴灰中。三日可食。

注意
醃金花菜法同。

第十四節　鹽薺菜

材料
薺菜五斤。　食鹽一斤。　五香料若干。

器具
缸一只。　小罎一只。

製法
將薺菜洗淨。在通風處陰乾。以食鹽醃於缸中。隔夜榨取其汁。再醃入小罎中。封口倒合稻草灰中。三四月可食。爲病人粥餚尤宜。

注意
醃時在冬天行之。又名斜菜。

第十五節　鹽風菜

材料
冬菜心八斤。　食鹽四斤。　香料若干。

器具
罈一只。

製法
將冬菜去老葉。取嫩心。放在通風處風乾。葉發黃色。取下洗淨。向日晒一天待乾。用食鹽醃之。須盡力搦和。越宵。瀝去鹽滷。再用食鹽香料醃於罈中。泥封置柴灰中。春夏取食。味脆而香。

注意
鹽風菜即是鹽冬菜心。

第十六節　鹽羅漢菜

材料

羅漢菜十五斤。　食鹽三斤。　五香料若干。

器具

缸一只。　罈一只。

製法

將羅漢菜入水洗淨。陰乾後。醃一夜。去其鹽滷。再用食鹽五香料。醃結

紮口。亦須合置稻草灰中。日久取食。味殊清爽。

注意

本菜亦在冬季行之。

第十七節　鹽紫菜

材料

紫菜一斤。　食鹽五兩。

器具

瓶一箇。 蓋一箇。

製法

將紫菜用食鹽醃之。貯入瓶中。關蓋封口。日久可食。

注意

以之冲湯。味頗鮮潔。

第十八節 鹽春不老

材料

大菜心一斤。 蘿蔔一斤。 食鹽二兩。 橘皮半兩。 茴香少許。

器具

罎一只。 蓋一箇。 刀一把。

製法

將大菜純切（鄉音趣）其心。與蘿蔔同在一處。復加食鹽橘皮茴香等料。入罎醃之。用力揿緊。上封以蓋。嚴閉其口。冬月醃好。明春可食。

注意

直隸之春不老。頗有名。

第十九節　鹽刀頭菜

材料

蘿蔔夾一碗。食鹽半兩。

器具

碗一只。刀一把。

製法

將蘿蔔夾洗淨。用刀切成細屑。用食鹽醃一夜。至晨間下粥時可用之。

注意

蘿蔔夾卽蘿蔔上棄去之梗葉也。

第二十節　鹽蘿蔔卷

材料

紅蘿蔔一斤。　食鹽二兩。　薑絲一杯。

器具

刀一把。　盆一只。

製法

將紅蘿蔔用刀照第二編籑衣蘿蔔切法切成環片。醃以食鹽。再卷而裹以薑絲。懸線掛於窗外通風處。食時用醬蔴油拌食。辣味頗佳。

注意

二星期可食。

第二十一節　鹽南瓜乾

材料

南瓜一箇。（約重五斤。）　食鹽一斤。　茴香少許。

器具

缽一只。　蓋一箇。　刀一把。

製法

將南瓜刮去其皮。用刀破開去子。切成薄片。以食鹽醃勻。加些茴香。用蓋閉緊。一月之後。攤出晒於日中。即成。

注意

蒸熟可食。味亦清香。

第二十二節　鹽灰蛋

材料

鴨蛋五十枚。　柴灰二十份。　食鹽一份。　燒酒少許。

器具
鉢一只。

製法
將柴灰食鹽用淘米之米泔水攪和。加以燒酒少許。塗於鴨蛋上。置於通風處乾之。至二十日後。洗去其灰。煮而食之。較鹽鴨蛋爲美。

注意
此蛋如殼有裂痕。色味無變壞之弊。

第二十三節　鹽黑黃蛋

材料
鴨蛋三十箇。　食鹽三兩。　黃酒三兩。　紅茶一杯。　鹽蛋灰若干。

器具
罎一只。　擂盆一箇。　木棒鎚一箇。　竹籜三張。

製法

將鴨蛋洗就。用上年鹽蛋之灰。和食鹽黃酒紅茶等。用木棒鎚研細。將蛋滾以厚汁。藏入罎內。用竹箬封口。合以擂盆。一月即可食矣。

注意

黑黃蛋又名墨蛋。

第二十四節　鹽溏黃蛋

材料

鴨蛋五十箇。　食鹽四兩。　燒酒一杯。　紅茶一杯。　爐底灰二升。

器具

罎一只。　擂盆一箇。　棒鎚一箇。　竹箬數張。

製法

將食鹽燒酒紅茶爐底灰等物。一同放入擂盆內。用棒鎚研細。然後將鴨蛋用水洗淨。徧塗灰汁。豎直罎內。以籜紮緊。擋以爛泥。月餘可食。

注意

俗於立夏日必食此物。可免蛀夏。未審確否。

第二十五節　鹽油粕蛋

材料

鴨蛋二十枚。　食鹽一份。　油渣醬十份。

器具

罎一只。　蓋一箇。

製法

將鴨蛋洗淨晒乾。用食鹽油渣醬拌和。塗抹蛋上。務使蛋殼黏着均勻。即可貯入罎內。一月餘。煮食之。味甚美。

注意

此蛋陳一年。味亦不壞。

第二十六節　鹽松花蛋第一

材料

鴨蛋十箇。　炭灰一碗。　石灰少許。　燒酒半杯。　食鹽八錢。

器具

罎一只。

製法

將冷茶汁拌以炭灰石灰燒酒食鹽等物。搗之如泥。分作十團。每蛋一團。塗包蛋上。放在礱糠中略一滾。然後置罎中。時約二旬。盡成溏心矣。

注意

炭灰或用爐底灰。罎內置扁柏葉片。以增香味。

第二十七節　鹽松花蛋第二

材料

鴨蛋一百枚。　炭灰五斤。　石灰半斤。　食鹽半斤。　鹼水二兩。　密陀僧二兩。

器具

罎一只。　擂盆一箇。　笋籜三張。

製法

將炭灰石灰食鹽鹼水密陀僧（須研細末。）等各料用茶葉煎濃調水和合。將蛋熟包。不可太冷。密貯罎內。一月後即成。

注意

此法蛋黃極嫩。用以拌食。尤顯異味。法詳拌松花蛋內。

第二十八節　鹽松花蛋第三

材料

鴨蛋百枚。 好武夷茶四兩。 石灰三飯碗。 淨柴灰七飯碗。 食鹽十兩。

器具

罈一只。 擂盆一箇。 笋籜三張。 篩一只。

製法

將武夷茶煎成濃汁。再將石灰柴灰入篩篩過。同食鹽和以濃茶汁拌勻打成團。分作百團。每蛋用一團包之。另篩柴灰。將蛋拌過。然後放罈內嚴密貯藏。四十日可食。

注意

蛋內欲有花紋。用松柏枝。或竹葉。或梅花。燒灰拌入。卽現出花紋。

第二十九節 鹽松花蛋第四

材料

雞蛋一百二十枚。 生石灰二斤半。 豆萁灰一斤半。 鹼五兩。 食鹽四兩。 沸水（欲顯花紋。與松竹梅枝同煮。）一斤六兩。

器具

罎一只。 擂盆一箇。 箏篳三張。

製法

將生石灰豆萁灰鹼食鹽等作料。用沸水攪勻搗爛。乃以雞蛋包之。然後儲藏罎中。封蓋置於乾燥之地。約半閱月可食。

注意

如用鴨蛋百枚亦可。蛋殼青者良。白者無用。

第三十節 鹽松花蛋第五

材料

鴨蛋百枚。 食鹽七兩。 陳石灰六兩。 鹼五兩。 紅茶汁一缽。 黃泥一缽。硝少許。

器具

罎一只。擂盆一箇。 笋籜三張。

製法

將紅茶汁冷透。和黃泥拌成薄漿。再將鴨蛋入內一滾。令其黏着黃泥一層。再入鍋烘乾。然後將食鹽陳石灰（約過一年）鹼硝等。同入鍋拌勻。燃火再炒。炒至滿鍋。卽將火退下。將蛋放入鍋中。黏滿黃泥。約三四分厚。密封於罎中。一月卽得。

注意

用手塗泥時。切宜愼之。因硝鹼石灰等物。有劇烈刺激性。恐指甲變黃色而發痛也。

第五章 糟貨

第一節　糟黃鱓

材料
黃鱓一斤。　香糟半斤。
器具
鉢一只。　夏布袋一箇。
製法
將黃鱓用剪殺死。先破肚去腸。再剪去其嘴峯。然後剪成相連之寸段。置入鍋中煮熟。加些酒鹽盛起。盤於鉢中。中空一潭。將香糟納入布袋。加放潭中。半日後。用醬蔴油拌食。清香消暑。
注意
黃鱓以田鱓爲佳。河鱓次之。諺云。小暑裏黃鱓賽人參。滋補異常。

第二節　糟田螺

材料 田螺一斤。　香糟半斤。

器具 鉢一只。　蓋一箇。

製法 將田螺養清。倒入鍋中。用食鹽黃酒清水等煮熟。盛起入糟鉢中。少時可食。

注意 糟螺螄法同此。

第三節　糟田雞

材料 田雞一斤。　香糟半斤。

器具
鉢一只。　蓋一箇。　袋一只。
製法
將田雞剝皮去爪。入湯中清煮之。再行糟透。食而不知蛙味。
注意
蛙以肥青蛙爲最鮮。

第四節　糟白香魚

材料
廣東鮮魚五斤。　食鹽一斤。　陳黃酒一斤。　大茴香六只。　香糟三斤。
器具
缸一只。　罎一只。　箬籜三張。

製法

將魚除淨。破肚去腸。用食鹽醃於缸中。上面壓緊。至一星期取出。貫線曝之。晒乾加酒貯於糟罎。用箬紮緊。再擋泥封固。越數月卽可烹食之。

注意

糟白香魚爲粤中最盛行之佐餐品。滬上易安居有代售。

第五節　糟肝雜

材料

雞鴨肝雜二副。　香糟四兩。

器具

鉢一只。　蓋一箇。　袋一只。

製法

將雞鴨肝雜洗淨。入鍋加五味香料煮熟。然後盛入鉢中用香糟袋置其上。味勝雞鴨蒸肝。

注意

五味卽陳黃酒醬油等料。

第六節　糟肉丸

材料

豬肉一斤。　醬油二兩。　陳黃酒二兩。　葱三枝。　香糟半斤。

器具

鉢一只。　蓋一箇。　袋一只。

製法

將鮮豬肉用刀去皮。斬成細碎之屑。加入醬油陳黃酒葱屑。再行斬和。用匙做成丸形。卽入鍋中沸之。待熟。然後盛於鉢中。用糟袋放入。蓋緊數時。卽可供食。清香十倍。

注意 火肉丸尤勝。

第七節　糟魚圓

材料 青魚一斤。　蛋二枚。　食鹽半兩。　陳黃酒一兩。　香糟半斤。

器具 缽一只。　蓋一箇。　袋一只。

製法 將青魚肉用刀斬爛。盛於缽中。和以蛋白及水少許。用竹帚打和。加以食鹽陳黃酒。再行打和。然後做成魚圓。投入溫水鍋。待浮撩起。另入糟缽糟透。醃食沖湯。無往不宜。

注意

糟雞圓手續同。

第八節 糟人參條

材料
人參條四兩。 香糟四兩。

器具
磁鉢一只。 鉢蓋一箇。 蔴布袋一只。

製法
將人參條微和清水。置鍋內煮之。一透之後。加以食鹽醬油少許。再燒一透。撩起盛於鉢中。用糟浸入鉢內。嚴閉以蓋。逾時食之。亦爲清品。

注意
人參條形似枇杷梗而細小。荳腐店有出售。

第九節 糟粉皮

材料
粉皮六張。　香糟半斤。
器具
缽一只。　缽蓋一箇。　夏布袋一只。
製法
將粉皮用熱水搦過。去其酸味。先用香糟納入夏布袋中。藏入缽內。將粉皮切條放下。緊關其蓋。俟已透味。便可拌食矣。
注意
先用水入鍋焯透亦可。

第十節　糟磨腐

材料
磨腐四方。　香糟四兩。

器具
磁鉢一只。　蔴袋一只。　鉢蓋一箇。

製法
將磨腐洗淨。用刀切成小方塊。置入鉢內香糟袋上。關上鉢蓋。少時便透。取出用醬蔴油拌食。味較可口。

注意
磨腐炒食不如拌食。尤以糟後拌食爲最。

第十一節　糟韭芽

材料
嫩韭芽一斤。　香糟半斤。

器具
鉢一只。　蓋一箇。　袋一只。

製法 將韭芽入鍋加食鹽黃酒煮熟。撈起瀝乾。再行入糟缽糟透。味香妙異常。

注意 韭菜亦可。味則稍遜耳。

第十二節　糟青菜

材料 小青菜一斤。　香糟半斤。

器具 缽一只。　蓋一箇。　袋一只。

製法 將小青菜煮熟。熟卽盛起。不可燜黃。以減色彩。先將香糟袋鋪於缽底。

再將青菜放在上面。用蓋閉緊。隨時取食之。

注意

塔棵菜小藏菜亦可倣行之。嫩時。似雞毛。故稱羽毛菜。

第十三節　糟茭白

材料

茭白一斤。　香糟半斤。

器具

缽一只。　蓋一箇。　袋一只。

製法

將茭白去殼。切成纏刀塊。入鍋加雞湯煮之。煮熟取起。用水過清。再將袋洗淨。納入香糟。同加缽中糟之。若切茭白絲後再糟。香味悉透。

注意

採茭白時。不可用鐵器。茭白遇鐵器。肉必成灰點矣。

第十四節　糟荳腐

材料　荳腐二方。　香糟少許。

器具　鉢一只。　蓋一箇。

製法　將荳腐切成小方塊。摻以食鹽醃之。再行入鉢。加香糟。糟一小時卽可用醬蔴油醃食矣。

注意　用油煎熟後再糟亦好。

第十五節　糟酥荳

材料

熝酥荳一碗。　香糟四兩。

器具

鉢一只。　蓋一箇。

製法

將蠶荳入鍋熝熟。撈起盛入香糟鉢內。約一晝時。用以下粥。最適胃口。

注意

將發芽荳代之亦妙。

第十六節　糟山葯

材料

山葯一斤。　香糟半斤。

器具

鉢一只。 蓋一箇。 袋一只。

製法

將山葯去皮。切成小塊。入鍋煮之。煮熟用糟糟香。然後紅燒或椒鹽餟味亦香。

注意

糟山芋法同。

第十七節 糟芹菜

材料

芹菜一捆。 香糟六兩。

器具

鉢一只。 蓋一箇。 袋一只。

製法

將芹菜揀去枯爛莖葉。用刀切去根鬚。然後入鍋焯一透。取出用水過清。根根疊齊。缽內先貯香糟袋。便以芹菜圈在糟袋四周。霎時卽香透。食之香爽。夏季最宜。

注意

喜食辛味者用藥芹。

第十八節　糟油菜梗

材料

油菜梗四兩。　香糟少許。

器具

碗一只。　盆一只。

製法

將油菜梗切成寸段。先行煮熟。盛入碗中。上面置香糟少許。用盆蓋住。

少選。去糟可食。

注意

若於生時撕皮糟過醃食。味與糟莴笋同。

第十九節　糟菠菜

材料

菠菜半斤。　香糟四兩。

器具

缽一只。　蓋一箇。　袋一只。

製法

將菠菜燒熟。置在缽內。放入香糟袋。關蓋片時。味透卽佳。

注意

菠菜不必燜黃。以免減色。一名菠薐。別名紅嘴綠鸚哥。

第二十節 糟馬蘭頭

材料 馬蘭頭一斤。香糟半斤。

器具 缽一只。蓋一箇。

製法 將馬蘭頭焯熟。用食鹽先行醃之。曝諸日中。再入糟缽糟之。味香涼無埒。

注意 常食馬蘭頭。能清涼解熱。

第二十一節 糟金花菜

材料

金花菜半斤。　香糟四兩。

器具

缽一只。　蓋一箇。

製法

將金花菜焯好。醃以食鹽。晒於日中。待乾入缽內糟之。一月後。炖而食之。下粥頗爲香口。

注意

紅花亦可如法糟之。

第二十二節　糟辣茄

材料

辣茄二十只。　香糟六兩。

器具

鉢一只。蓋一箇。

製法

將辣茄用刀破開去子漂洗潔淨。入鍋焯一透。乃以糟入鉢。放下辣茄。關緊鉢蓋。霎時拌食。味香而不甚辣。

注意

紅辣茄太辣。不合宜。

第二十三節 糟西瓜翠

材料

西瓜皮四爿。香糟四兩。

器具

鉢一只。蓋一箇。

製法

將西瓜皮削去其瓤。用其翠皮。先醃以食鹽。再行晒乾。放入糟內糟透。用油糖蒸食爲佳。

注意

生西瓜皮不可用。過熟亦不佳。

第二十四節　糟毛荳子

材料

毛荳子一碗。　香糟四兩。

器具

缽一只。　蓋一箇。

製法

將毛荳子煮爛。加些食鹽。撈起入缽。蓋糟一層。味透則拌醬油食之。

注意

毛荳子之味。粳性不及糯性。

第二十五節　糟冬瓜

材料

冬瓜一斤。　香糟半斤。

器具

缽一只。　蓋一箇。

製法

將冬瓜切塊。用清湯煮熟。拌入糟缽內。糟味沾染已透。卽可食。用以𤓰肉尤佳。

注意

黃瓜生瓜亦可。

第二十六節　糟荳板

材料
蠶荳板一碗。香糟四兩。
器具
缽一只。蓋一箇。夏布袋一只。
製法
將蠶荳浸胖。去其殼。置上飯鍋蒸之。飯熟取出。便入缽內。上蓋香糟布袋。關蓋緊閉一時。可食。其味馨香。
注意
蒸荳板時。不可先加食鹽。致成殭塊而不酥。故五味須於食時放入爲佳。

第二十七節　糟蠶荳子

材料

蠶荳子一碗。香糟少許。

器具

缽一只。 蓋一箇。 袋一只。

製法

將蠶荳子煮熟。盛入缽中。用糟入袋。糟透。卽可拌食矣。

注意

廣東荳子皮老不鮮。不如吾鄉出產之鮮美。

第二十八節 糟風菜

材料

鹽風菜三斤。 酒糟三斤。 茴香香料若干。

器具

罈一只。 箬籜三張。

製法
將鹽風菜包裹大葉。每包鋪以茴香香料。包成小包。和酒糟糟入罎內。用箏籜封口。越旬可食。

注意
照此糟法。菜不着糟，而糟味已透滿葉上矣。

第二十九節　水糟薑

材料
肥嫩薑七斤。　水二十四兩。　食鹽二十四兩。　好臘糟八斤。

器具
罎一只。　箏籜三張。

製法
將嫩薑用濕布揩淨。用河水二十四兩燒沸。吹冷。加入食鹽化開。濺脚後。再用好臘糟拌勻。放入嫩薑。盛於罎內。紮上箬籜。將泥閉封。二十一日。可以取食。脆白可愛。

注意 河水沸後冷用。可以不生白花。經年不壞。

第三十節　簡易糟油

材料 陳黃酒大半碗。　文冰半兩。　食鹽少許。　花椒數十粒。

器具 飯鍋一只。　碗一只。

製法 將陳黃酒加入文冰食鹽花椒。將碗口封固。置在飯鍋上。連蒸七八次。然後隔一星期。將紙揭開。便佳。

注意

此法較第一編爲簡。味之清香殆過之。

第六章　醬貨

第一節　芝蔴醬

材料

芝蔴五升。　醬油二碗。　陳黃酒一碗。　甜酒釀二碗。　蓁荳粉半升。

炒米粉半升。　紅麯末半升。　茴香末半兩。

器具

鍋一只。　爐一只。　鏟刀一把。　手磨一具。　磁缸一只。

製法

將芝蔴入鍋炒熟。以焦黃爲度。乃用手磨牽之。再將沸水涼冷。同牽細芝蔴屑傾入磁缸內。調成漿糊狀。卽行封閉。然後曝諸日中。越一星期。

開缸去黑皮。即加醬油陳黃酒甜酒釀荸荳粉炒米粉紅麯末茴香末等調勻。半月可食。

注意

芝蔴醬蘸食時。酌量加以白糖爲鮮。

第二節　花生醬

材料

花生十斤。　醬油一斤。　麫粉二升。　甜酒釀三碗。　茴香末一兩。

器具

鍋一只。　爐一只。　鏟刀一把。　手磨一具。　磁缽一只。

製法

將花生用砂入鍋炒熟。脫殼去衣。入磨牽細。入缽冲以沸水。加入醬油麫粉甜酒釀茴香末等化成薄漿。晒透可食。

注意

花生醬亦以蘸食之用。其味肥美。

第三節　葡萄醬

材料

葡萄乾四兩。　蜜糖四兩。　桂花少許。

器具

缽一只。　碗一只。

製法

將葡萄乾用缽搗爛。盛入碗中。加以蜜糖桂花。調和後。嚴封碗口。時越十日。即成葡萄醬矣。

注意

本醬用以塗蘸角黍（即糉子。）或麪包糕餅等。甜美出色。

第四節　三果醬(二)

材料

桃仁三兩。　杏仁三兩。　松仁三兩。　菜油一斤。　桂花少許。　甜蜜醬一碗。

器具

鍋一只。　爐一只。　鏟刀一把。　碗一只。

製法

將桃仁杏仁放入碗中。用沸水泡之。少時。脫去其衣。吹乾。倒入熱油鍋內炸鬆。撩起。同松仁再入油鍋內炒之。(菜油少些。)約一二分鐘。然後用桂花甜蜜醬和之。以鏟炒勻。便可就食。

注意

炒時不可枯焦。宜留意行之。

第五節　三果醬（二）

材料

胡桃肉四兩。　瓜子仁二兩。　葡萄乾四兩。　菜油半斤。　桂花少許。

甜蜜醬一碗。

器具

鍋一只。　爐一只。　厨刀一把。　鏟刀一把。　碗一只。

製法

將胡桃肉去皮。入油鍋中汆熟。用厨刀切細。與瓜子仁葡萄乾和桂花甜蜜醬入鍋炒之。拌四五次。卽佳。

注意

食時喜甜再加白糖。

第六節　鹹枇杷醬

材料
白沙枇杷十只。　豬肉四兩。　醬油一兩。　蒸粉少許。

器具
鍋一只。　刀一把。

製法
將白沙枇杷去其皮核。用刀一切爲四。置於碗中。再將豬肉切片。拌以醬油蒸粉。同枇杷入鍋蒸之。蒸爛可食。

注意
蒸飯鍋亦可。

第七節　黃梅醬

材料、
梅子十只。　白糖六兩。　洋菜桂花少許。

器具

鍋一只。爐一只。缽一只。

製法

將梅子入鍋中煮沸。去其酸汁。并去其核。然後再用清水煮之極爛。加以白糖洋菜及桂花。再煮片時。入缽涼之。凝結成塊。剖而食之。生津而益人。

注意

醉後食之解醉。

第八節　豌荳醬

材料

豌荳一斗。小麥一斗。食鹽五斤。水二十斤。

器具

五斗缸一只。醬耙一箇。

製法

將豌荳用水浸之。入鍋蒸軟。晒乾去皮。和入小麥。上磨牽細。用水拌和。然後用刀切長條成塊。置入蒸籠上甑蒸之。蒸過罨黃晒乾。先洒鹽湯再行下缸。時用醬耙扒之。晒月餘成熟。而行收藏手續。

注意

凡醬必生蟲。今用川椒末或芥子末摻入醬內。則蟲不生矣。豌荳俗名韓荳。

第九節　糯米醬

材料

糯米五斤。　食鹽二十兩。　水二十碗。

器具

小缸一只。　醬耙一箇。

製法

將糯米用臼舂粉。澆水作糰。放於籠內蒸熟。俟冷攤入籩中。上蓋稻草。七日發酵。晒乾拭毛。用鹽湯煎滾候冷。置入缸內。約五六日。用耙攪細。曝之一月。卽可取食。

注意

用粳米亦可。發黃後。不必用石臼舂細。卽可下缸矣。

第十節　淡荳豉醬

材料

黑大荳五斗。

器具

罎一只。　箏籮三張。

製法

將黑大荳在水內浸一宵。瀝乾蒸熟。取出攤席上。候微温。上覆稻草。每三日一看。候黃取篩簸淨。以水拌和。須乾濕得所。安放罎中結實。用䉶封固。再擋以泥。曝於日中。七日取出。再曝一日。然後用米拌罎內。如此七次。再行上鍋蒸過。攤去火氣。封於罎中。即佳。

注意

黃來不可太過。俟黃衣上遍。即可。

第十一節　鹹荳豉醬

材料

黑大荳十斤。　食鹽二斤半。　薑絲半斤。　花椒紫蘇橘皮茴香杏仁各一兩。

器具

罎　只。　笋籜三張。

製法

將黑大荳用水浸之。約三日。淘清。蒸熟。取出攤籩中。候黃再行篩淨。加以食鹽。蓋上花椒紫蘇橘皮茴香杏仁及水。拌勻入於罎中。上面水須浸過一寸。以籜封口。晒一月。卽可。

注意

橘皮用陳橘皮。

第十二節　酒荳豉醬

材料

黑荳黃一斗五升。　茄子五斤。　生瓜十二斤。　薑絲十四兩。　橘皮一兩。　小茴香一升。　飛鹽四斤六兩。　青椒一斤。　金花酒四斤。

器具

罎一只。　笋籜三張。　大盆一只。

製法

以黑荳黃篩淨。將上列各物。同在一處拌之。然後入罎撳結。倒下金花酒。須淹過兩寸許。少則添。多則減。用笋籜蓋住泥而封之。露四十九日爲度。再行取出。傾大盆內。等晒乾。然後儲藏之。

注意。

金花酒或用酒釀亦可。橘皮須切絲。

第十三節　水荳豉醬(二)

材料

黑荳黃一斤。　西瓜瓤一斤。　陳黃酒一斤。　食鹽半斤。

器具

小罎一只。　醬耙一箇。

製法 將陳黃酒傾入器中。下以食鹽。瀝清沙脚。將黑荳黃與西瓜瓤攪拌均勻。置藏罎中。封閉須固。不必曝於日中。一月餘可用。

注意 製荳黃法。參照第二編荳豉醬。

第十四節　水荳豉醬(三)

材料

黑荳黃十斤。　食鹽四十兩。　金華甜酒十碗。　水二十碗。　大小茴香一兩。　紫蘇葉一兩。　薄荷葉一兩。　甘草粉一兩。　陳皮屑一兩。花椒一兩。　乾薑絲一兩。　杏仁(去皮尖)一斤。

器具

五斗缸一只　醬耙一箇。　罎一只。

製法

將鹽湯先行泡就。候冷澱清。傾入缸中。將黃下鹽水中。同時加以酒晒四十九日。再下大小茴香紫蘇葉薄荷葉甘草粉陳皮屑花椒乾薑絲杏仁等作料。和入缸內。用醬耙攪和。晒二三日。裝入罎中。擋泥封固隔年蘸食最妙。

注意

如欲早用。將陳皮花椒乾薑絲杏仁同黃一齊下缸爲是。

第十五節　十香荳豉醬(二)

材料

荳豉八缽。　西瓜瓤十斤。　食鹽二十兩。　燒酒三斤。　南薑四兩。

紫薑四兩。　白糖四兩。　荳豉醅五升。　大小茴香、川椒、肉桂、甘草、薄荷、杏仁、三藾、橘皮、紫蘇、等物各五錢。

將荳豉加西瓜瓤拌勻。約二小時。加入食鹽燒酒。翌朝。再下南薑紫薑白糖並以上各種香料。一同拌勻。日曝略乾。卽入罎中。再晒半月可食。

注意

食鹽須炒過。

第十六節　十香荳豉醬（二）

材料

大黃荳一升。　麩皮一升。　陳黃酒一瓶。　醋糟大半碗。　生[illegible]斤。

茄子五斤。　食鹽十二兩。　生薑半斤。　活紫蘇半斤。　甘草末半兩。

花椒二兩。　茴香一兩。　蒔蘿一兩。　砂仁二兩。　藿葉半兩。

器具

罎一只。　笋擇三張。

製法

先將大黃荳入鍋煮爛。用炒麩皮拌和做荳黃。待熟。過篩去麩皮。祇用荳豉。用陳黃酒醋糟拌勻。再與生瓜茄子（二物先用鹽四兩醃一宵）食鹽生薑絲活紫蘇甘草末花椒茴香蒔蘿砂仁藿葉等物。共和打拌。然後置入罎中。擋以泥封口。晒於日中。至四十日取出。略晒乾再入罎中。如是二十日一次。晒遍爲度。

注意

活紫蘇須連根切斷。花椒須去梗核。碾細。

第十七節　醬紫菜

材料

紫菜二斤　食鹽一兩。　醬油一斤。　菜油六兩。

器具

鍋一只。　爐一只。　鏟刀一把。　缽一只。

製法

將紫菜入油鍋炒之。加以食鹽。再炒片時。盛入醬油缽中。用以炖水荳腐甚佳。

注意

單獨以之冲湯。味亦鮮美。

第十八節　醬芋艿

材料

芋艿五斤。　菜油半斤。　食鹽三兩。　葱屑若干。　甜醬一碗。

器具

油鍋一只。爐一只。鏟刀一把。大碗一只。

製法

將芋艿去皮。用水洗淨。把油鍋燒熱。然後倒入鍋內煎之。將鏟亂鏟。待至爆透。下以清水。（不可過多。）二透之後。加以食鹽。再燒一透。洒以葱屑。炒一反身。便可起鍋。食時蘸以甜醬。味更絕倫。

注意

蘸食葡萄醬三果醬均美。

第十九節　醬西瓜皮

材料

西瓜皮二斤。　食鹽半斤。　甜醬一斤。

器具

缸一只。　厨刀一把。　洋盆一只。

製法

將西瓜皮上之青瓤削去。預先用食鹽醃半日。然後置於甜蜜醬中。漬兩日。即可取食。味之清脆可口無比。

注意

青瓤不削去容易老。

第二十節　醬蘿蔔皮

材料

蘿蔔三箇。　醬油一缽。

器具

刮鉋一箇。　磁缽一只。

製法

將蘿蔔洗淨。用刮鉋刮去其外皮。將裏皮盛入醬油缽內。浸一二夜。

即可爲下粥菜矣。

注意　蘿蔔皮棄之可惜。廢物利用。有裨家庭經濟。勿以輕忽視之。

第二十一節　立時醬雞

材料　雞半只。　荳板醬一缽。

器具　鍋一只。　爐一只。　缽一只。　洋盆一只。

製法　將雞燒熟。敷荳板醬浸入缽內。不數時。即可食。鮮透而宜粥佐酒尤美。

注意　荳板醬即醬板。爲造醬油之原料。

第二十二節　醬醃肉

材料

醃蹄一付。　荳豉醬半鉢。

器具

鉢一只。　蓋一箇。

製法

將醃蹄用水洗淨。俟乾後。藏入荳豉醬鉢內。隔日。懸日中曝之。再置簷下風之。以極乾爲止。可以久藏不壞。又免生蟲。

注意

春夏間用嫩笋煮熟。味鮮不亞於雲腿。

第二十三節　醬魚

材料

魚一斤。鹽花三兩。花椒茴香乾薑各一錢。陳麯二錢。紅麯五錢。黃酒六兩。

器具

缽一只。蓋一箇。

製法

將魚用刀切碎洗淨後。用花椒茴香乾薑陳麯紅麯等料。加以黃酒和勻。拌魚放入缽內。用蓋封好。十日可用。

注意

食時加葱花少許。

第二十四節　醬泥螺

材料

泥螺一斤。醬一缽。黃酒若干。酒釀一碗。

器具　鉢一只。　洋盆一只。

製法　將泥螺用黃酒洗之。敷以甜醬。越一小時。更入酒釀。漬浸片刻。則味甚美。

注意　泥螺一名吐鐵。產寧郡。

第二十五節　淸醬

材料　黑大荳一斗。　乾麪五斤。　食鹽五斤。　花椒。　茴香。　薑屑。　芝蔴。香菌各少許。　水一小桶。

器具

籚一只。 柴草若干。 小缸一只。

製法

將黑大荳用清水入鍋以武火煮之。燜一夜。卽成薄糊。然後撩起。候稍冷。拌以乾麪。攤於籚中。以柴草密布其間。使發霉毛。以多爲妙。再用食鹽煎湯。澄清去脚。倒下缸中。先洒鹽湯。再將醬黃放下。香料如花椒茴香薑屑芝蔴香菌等。亦可同時放入。曝諸日中。晒一月餘。卽可用以和味矣。

注意

瀝過渣滓。再可加鹽湯再晒。卽成二乏。大約水一斤加鹽三兩之數。但二乏三乏之醬油。則味道覺得遜色矣。

第二十六節 炖醬

材料

新醬一碗。大蝦四兩。豬油三兩。荳腐乾三塊。

器具

大碗一只。剪刀一把。厨刀一把。

製法

將大蝦用剪刀去足鬚。洗淨後。放入醬中。再將豬油荳腐乾用厨刀切成小塊。一同放入。上鍋炖之。數透便熟。經久可食。日常食餘之菜。皆可放入醬中。亦能經久不壞。爲家庭間最經濟之食品。

注意

如加入辣虎醬。卽是炖辣虎醬。喜辣者食之。尤佳。其他如毛荳子豬肉頁干開洋肚子肝雜雞塊等食物。均可放入炖之。久不變味。誠簡易而經濟也。

第七章　爊貨

第一節　燻鵪鶉

材料

鵪鶉四只。　陳黃酒六兩。　醬油六兩。　食鹽一兩。　蔴油一兩。　茶葉半小鍋。

器具

鍋一只。　爐一只。　鐵綱一張。　盆一只。

製法

將鵪鶉去毛雜。洗淨後。肚中塞以肉腐。入鍋加黃酒醬油食鹽等煮之。煮熟盛起。塗以醬油蔴油。放在鍋中鐵網上。鍋底攤滿茶葉。然後燃火燻之。燻黃卽可。

注意

燻時如不黃。再塗醬蔴油便黃。

第二節　燻野雞

材料

野雞一只。　醬油六兩。　蔴油一兩。　茶葉半小鍋。

器具

鍋一只。　爐一只。　鐵網一張。　洋盆一只。

製法

將野雞去毛洗淨。用麪包屑奶油雞蛋食鹽胡椒香菜調和放入肚內。腿翅縛好。架入鐵絲網上。鍋內用茶葉鋪好。再塗以醬蔴油。燃火燻之。燻黃便可啖矣。

注意

食時用葡萄醬蘸食。

第三節　燻野鴨

材料

野鴨一只。陳黃酒五兩。醬油五兩。食鹽二兩。菜油六兩。蔴油一兩。葱十枝。茶葉半小鍋。

器具

鍋一只。爐一只。鐵網一張。洋盆一只。

製法

將野鴨去毛。用刀切成兩爿。入鍋加黃酒醬油食鹽煮之。煮爛上網。置茶葉燻之。時時拭以醬蔴油。燻黃卽就。以葱切細。和以醬油。再用熱油澆之。以作蘸食之用。

注意

肚中塞肉。味尤良佳。

第四節　燻板鴨

材料
鴨一只。　食鹽三兩。　牙硝一錢。　醬油四兩。　蔴油一兩。　茶葉半小鍋。

器具
鍋一只。　爐一只。　鐵網一張。　洋盆一只。

製法
將鴨宰就。去其腹雜。用牙硝研末。遍擦全身。再將食鹽炒熱。擦腹之內部。用石壓結。隔二日。取起。置上鐵網。鍋中下茶葉燻之。身上再塗醬蔴油。以甜醬蘸食。

注意
烤食亦佳。

第五節　燻蟚蜞

材料 蟚蜞十只。食鹽半兩。陳黃酒二兩。醬油二兩。蔴油茴香末少許。茶葉半小鍋。

器具 鍋一只。爐一只。鐵網一張。洋盆一只。

製法 將蟚蜞用食鹽陳黃酒洧之。然後倒入鍋中煮一透。再塗以醬蔴油茴香末。移入網上燻之。燻熟卽可。

注意 臍下置薑片以解毒。

第六節 燻鰲魚

材料

鰲魚一尾。醬油二兩。蔴油二兩。茶葉半小鍋。

器具

鍋一只。爐一只。鐵絲架一箇。洋盆一只。

製法

將鰲魚用醬蔴油塗之。放入鍋中茶葉上。隨燻隨拭油汁。片時可食。

注意

糟後燻之則添香。

第七節　燻香腸

材料

香腸一斤。醬油二兩。蔴油二兩。茶葉半小鍋。

器具

鍋一只。爐一只。鐵網一張。洋盆一只。

製法

將香腸塗以醬油蔴油。置於鐵網上。而鍋內盛茶葉小半鍋。將鐵網平鋪鍋中。大約離茶葉高二寸許。卽可燃火燻之。俟茶葉起烟後。漸次退火。視香腸帶淡黃時。再塗以醬油蔴油。如是數次。已覺黃熟。昭之頗香。

注意

茶葉不論已經泡過。亦可放入燻之。

第八節 燻煨肉

材料

豬肉一斤。 陳黃酒二兩。 醬油二兩。 木屑一斤。

器具

燻缸一只。 燻架一箇。 刀一把。 洋盆一只。

製法

將豬肉切塊。用陳黃酒醬油煨好。帶汁上木屑上略燻之。少時卽黃。食之香嫩適口。

注意

燻時不可太久。

第九節　燻牛心

材料

牛心二箇。　麪包屑一杯。　胡椒少許。　食鹽一撮。　牛奶油一杯。

雞蛋一枚。　茶葉半小鍋。

器具

鍋一只。　爐一只。　鐵絲架一箇。　洋盆一只。

製法

將牛心洗淨。等血出完。放在滾水內。沸一刻鐘。撈起流去血水。用麪包屑胡椒食鹽牛奶油雞蛋一併打和。放入心孔內。上架置茶葉上燻之。常以牛奶油塗之。燻熟便佳。

注意　羊心豬心亦可。

第十節　燻牛排

材料　牛肉一斤。　茶葉半小鍋。

器具　鍋一只。　爐一只。　鐵網一張。　洋盆一只。

製法　將牛肉切成小長塊。用牛奶油麪包屑食鹽胡椒雞蛋拌和。然後置于鐵網上。加茶葉於鍋底燻之。燻黃味頗香。

注意 羊排同。

第十一節 燻十香牛肉

材料 牛肉二斤。 食鹽五兩。 茶葉半小鍋。

器具 鍋一只。 爐一只。 架一箇。 盆一只。

製法 將牛肉用食鹽醃七八日。用肉蔻胡椒加香菜香料研爲末。撒在肉上。入鍋燒一透。上架入茶葉鍋燻之。燻黃涼食爲佳。

注意 蘸食以醬拌之。尤合口味。

第十二節　燻牛肝

材料 牛肝一斤。　奶油食鹽胡椒乾麪各等分。　茶葉半小鍋。

器具 鍋一只。　爐一只。　架一箇。　洋盆一只。

製法 將牛肝用刀切半寸之片。加奶油食鹽胡椒。蘸以乾麪。入鍋燻食之。

注意 火力不可太過。豬羊肝同。

第十三節　燻羊腿

材料 羊腿一只。　陳黃酒雞蛋麪包屑鹽豬肉香菜食鹽胡椒各等分。　茶葉半小鍋。

器具

鍋一只。 爐一只。 架一箇。 盆一只。

製法

將羊腿割開一口。並去其骨。將以上各料用刀切細拌和。納入口內。將口縫好。入鍋燜三小時。然後上架燻之。稍黃便佳。

注意

食時加酸醋拌之。

第十四節　燻白菜

材料

白菜五兩。 醬油一兩。 蔴油三錢。 食鹽白糖少許。 茶葉半小鍋。

器具

鍋一只。 爐一只。 鐵網一張。 洋盆一只。

製法

將白菜洗淨。用刀去葉。將梗切成方塊。入鍋煮一透。爛燜。然後燻之。之時時塗以醬蔴油等。食時。用刀切絲。再行拌之。裝入盆中。其味勝煨白菜。

注意

酌加辛酸等味。食之尤美。

第十五節 燻牛腰

材料

牛腰四只。 牛奶油半杯。 食鹽一撮。 胡椒少許。 茶葉半小鍋。

器具

鍋一只。 爐一只。 鐵網一張。 洋盆一只。

製法

將牛腰用刀切片。上鐵網置鍋中燻之。燻時。拭抹牛奶油食鹽胡椒等味。頃刻卽可取起。

注意

燻時不可過火。

第十六節　燻芹菜

材料

芹菜五兩。　醬油一兩。　蔴油一兩。　菜油三匙。　白糖一匙。　茶葉半小鍋。

器具

鍋一只。　爐一只。　鐵網一張。　洋盆一只。

製法

將芹菜揀去黃葉。倒入鍋中焯熟。撩起。用清水過清。然後盤旋網上鍋中置茶葉。燃火燻之。片時拌以醬蔴油白糖等料。味香無埒。

注意
多燻發黃。故不宜久。

第十七節　燻筍干

材料
嫩筍干半斤。　醬油一兩半。　蔴油三匙。　白糖一匙。　茶葉半小鍋。

器具
鍋一只。　爐一只。　鐵網一張。　盆子一只。

製法
將筍干放嫩。入鍋煮爛。用醬油蔴油白糖塗滿。上架燻之。油乾再拭。燻黃切塊食之。其味鮮嫩。

注意

加些葱屑甘草末。尤爲香甜。

第十八節　燻大蒜頭

材料

鹽大蒜頭十箇。　醬油二兩。　蔴油三錢。　白糖一匙。　茶葉半小鍋。

器具

鍋一只。　爐一只。　鐵網一張。　洋盆一只。

製法

將鹽大蒜頭。（或糖大蒜頭。）用醬蔴油塗上。再上網燻之。其味甚美。

注意

鹽大蒜頭及糖大蒜頭法。見前三編內。

第十九節　燻茄子

材料

茄子四只。食鹽少許。醬蔴油白糖各等分。茶葉半小鍋。

器具

鍋一只。爐一只。鐵網一張。盆子一只。

製法

將茄子劈開四條。用食鹽醃過。焯一透。然後用醬蔴油白糖塗滿燻之。頃刻卽成。

注意

落蘇亦可如法行之。

第二十節　燻黃荳芽

材料

黃荳芽半斤。醬蔴油白糖共一杯。茶葉半小鍋。

器具

鍋一只。爐一只。鐵網一張。洋盆一只。

製法

將黃荳芽摘去其根。入鍋煮透。俟燻片時。卽可用醬油蔴油白糖拌食之。味亦清香。

注意

燻枯則不堪食矣。

第八章　糖貨

第一節　葱管糖

材料

餳糖一斤。白芝蔴一升。炒米粉少許。白糖半斤。

器具

糖鍋一只。炭爐一只。槳一把。篩一只。籩二只。刀一把。盤一只。

製法 將餳糖煎熟。倒出稍冷。包以白糖。搓成直長條。用刀切斷。長約四寸許。置在篩中。上鍋加熱。見有水氣。急入芝蔴籩中篩遍之。未幾。再入粉籩中篩片時。然後疊在盤中。以便取食。

注意 切斷時須刀上加熱。較爲容易。

第二節 香煙糖

材料 潔白糖一斤。 薄荷精少許。

器具 糖鍋一只。 炭爐一只。 竹槳一把。 刀一把。

製法

將潔白糖加清水。倒入糖鍋煎之。將起鍋時。以薄荷精放入。即可用兩手搓圓。拉長攪之。如是數次。分成數條。每條搓長。攤平後。將刀燒熱。切成香煙狀。即可食矣。

注意

本糖心略空而形狀彷彿香煙。

第三節　澆切糖

材料

餳糖一斤。　白芝蔴一升。

器具

糖鍋一只。　炭爐一只。　竹槳一把。　靑石一塊。　刀一把。

製法

將餳糖和白芝蔴加清水一同入糖鍋煎透。用槳徐徐調和。然後倒於青石上。用手攤開薄之。待其冷後。用刀切成方塊。約一寸見方。食之味香而脆。

注意 若用白糖眞粉煎之。亦可成澆切糖。

第四節　蔴酥糖

材料

炒米粉一升。　葷油半斤。　餳糖半斤。　白糖一斤。　玫瑰醬少許。

器具

糖鍋一只。　火爐一只。　竹槳一把。　拌粉桶一只。　篩一只。　籚一只。　刀一把。　紙數張。

製法

將炒米粉同葷油放在拌粉桶內拌和。然後用篩篩入籮內。四面須撒開。以均勻爲度。再將餳糖入鍋。用槳炒攪。煎老後。倒入籮中。用手捺薄。另篩炒米粉一層。再行捺薄。中間捲以玫瑰醬及白糖。用刀切成寸段。以四段包成一包。即佳。

注意

玫瑰醬白糖心。若能加以糖豬油小塊尤美。

第五節　冰雪酥

材料

糯米粉三升。　洋白糖二斤。　薄荷精半杯。

器具

鍋一只。　爐一只。　缽一只。　方甑一只。　刀一把。　紙數張。

製法

將糯米粉及白糖。微加清水。滴入薄荷精。用手拌和。乃鋪於甑中捺平。再用刀劃以三寸長一寸闊之細路。然後上鍋蒸之。蒸熟取出用紙包之。成長方形。卽成冰雪酥矣。

注意　粉內再加入對丁細屑。（卽紅綠絲。）以增美觀。

第六節　花生酥

材料　花生一斤。　白糖四兩。　桂花少許。

器具　缽一只。　刻板一塊。　洋刀一把。　盤一只。

製法　將花生脫去殼衣。入缽研細。加以白糖桂花。再行研和。移入刻板。印成梅花形或圓形。用力撳結。以刀削平。再將刻板反轉向下一拍。放入盤中。其味甚爲肥美。

注意

花生須用炒熟者。生者不適用。

第七節　擦酥

材料

黑芝蔴一升。　麪粉一斤。　蔴油（或豬油）二斤。　白糖一斤。

器具

鍋一只。　爐一只。　鏟刀一把。　木模型一具。

製法

將黑芝蔴入鍋炒熟。不可炒焦。鏟起碾細。再將麪粉入鍋乾炒。數分鐘取出。碾碎塊粒。入鍋再炒。以黃色爲度。然後二物相和。加煉熟蔴油及白糖拌濕。卽入木模型中揿成餅形。卽佳。

注意 擦酥之味。較酥糖爲適口。

第八節　葡萄膏

材料 葡萄乾半斤。　蜜糖四兩。

器具 糖鍋一只。　炭爐一只。　竹槳一把。　匙一把。　碗一只。

製法 將葡萄乾入鍋煮爛。以極爛爲度。乃撈去渣滓。加以蜜糖。收成濃膏。盛器候用。隨時用開水冲食。常服甚補。

注意

葡萄含有鐵質甚富。患貧血者食之。優於補劑多多也。

第九節　西瓜膏

材料

西瓜一箇。　白糖二兩。

器具

鍋一只。　爐一只。　鏟刀一把。　匙一把。　磁盆一只。

製法

將西瓜去外皮及瓜子。挖取其瓤。與白糖入鍋同煮。糜爛後盛起。置於磁盆中。待冷食之。其味與香。均覺妙品。

注意

西瓜須揀選熟者。顏色以紅簾爲貴。

第十節　藥梅片

材料

梅子二十只。白糖一斤。桂花二兩。礬及食鹽少許。

器具

玻璃瓶一箇。

製法

將梅子用礬水及食鹽浸漬。再用白糖桂花封藏玻璃瓶內。日久即就。

注意

如加放些甘草末。亦無不可。

第十一節　枇杷梗

材料

糯米粉一升。餳糖一斤。菜油二斤。

器具

鍋一只。爐一只。刀一把。盤一只。

製法

將糯米粉拌以煎薄之餳糖。用筷拌和。再用手搦和。用刀切成薄片。再切成寸許長之條塊。然後移入熱油鍋內汆之。汆黃卽成枇杷梗矣。

注意

本食品以形似枇杷梗。故名。

第十二節　雪餅

材料

麪粉二升。餳糖一斤。白糖一斤。

器具

平底鑊一只。火爐一只。盤一只。

製法

將麪粉拌以餳糖。微加清水。拌和後。做成薄餅。卽可攤入平底鑊內。燃火熯之。見黃取起。徧體滾以白糖。卽成。

注意

本食品以雪白而得名。

第十三節　透味糖

材料

麪粉五斤。　赤砂糖半斤。　菜油一斤。　白糖二斤。　木樨醬二匙。

器具

糖鍋一只。　刀一把。　磁缸一只。

製法

將麪粉赤砂糖用水拌之。撳扁用刀切成長方塊。卽置熱油鍋中煎透。乃取出納入白糖（先用一斤）水中。浸後取出另盛之。俟炸盡將所餘之油。并其糖汁。再用白糖木樨醬同熬之。但須將製成之塊浸此糖汁內。三月後食之。味透可口。

注意

赤砂糖價貴。則用黃糖代之。

第十四節　蜂窠糖

材料

白糖一斤。　檸檬汁一匙。　檳榔紅花甘草各少許。

器具

糖鍋一只。　槳一把。　蒲包一張。

製法

將白糖加清水入糖鍋煎之。俟黏手能硬時。即將糖鍋離爐。加以檸檬汁。用槳調和。見糖已發泡。傾於蒲包上。俟冷剝去蒲包。即成。

注意　檳榔紅花甘草等物。須預先鋪在蒲包上。

第十五節　糖桂花薑

材料　嫩薑十塊。食鹽二兩。白糖一斤。木樨醬一兩。

器具　糖鍋一只。刀一把。磁瓶一箇。

製法　將嫩薑用刀刮皮。洗淨後。醃以食鹽。然後將鹽滷濾乾。再切成薄片。另用白糖入鍋煎之。煎透。熬成薄漿狀。盛入磁瓶。待冷。卽將薑片拌入。上蓋木樨醬。密封其口。卽得。

注意

香甜之味。當在半月後嘗之。

第十六節　糖醋大蒜頭

材料

大蒜頭五斤。　赤砂糖二斤半。　酸醋五斤。

器具

鍋一只。　爐一只。　瓦罐一箇。　箬籜三張。

製法

將大蒜頭洗淨。放入小罐中。加以赤砂糖酸醋。用文火上鍋上煨一日夜。然後將瓦罐取出。作爲粥菜最宜。其餘俟冷。加箬籜密封罐口。可以儲久。

注意

常食可治百傷。並可預防痢疾。爲衛生之食品。惟食後口中有臭味。令人難聞。可食烏棗以解之。

第十七節　糖桃糕

材料　水蜜桃五只。　玉盆糖半斤。　木樨醬半兩。　麪粉一杯。

器具　糖鍋一只。　炭爐一只。　竹槳一把。　洋盆一只。

製法　將水蜜桃去其皮核。然後入鍋加糖煎之。再加入木樨醬。隔片時。以麪粉和入。待糖濃厚。盛起切而食之。甜美可口。

注意　用蟠桃裏光桃亦可。

第十八節　糖香蕉糕

材料

香蕉八只　玉盆糖一斤。　麪粉一碗。　木樨醬半兩。

器具

糖鍋一只。　炭爐一只。　槳一把。　盆一只。

製法

將香蕉去皮心。放入糖鍋內煎之。煎透。加入麪粉木樨醬。用槳調和後。再煎片時。起鍋盛於盆中。待冷卽可食矣。

注意

香蕉用稍熟爲是。否則味酸。

第十九節　糖人物

材料

白糖一斤。　麪粉一杯。

器具

糖鍋一只。　炭爐一只。　槳一把。　印模數塊。

製法

將白糖加清水入鍋煎之。水須少而火須文。俟糖稍沸。再入麪粉。則色白而料省。至黏手能硬爲度。乃用槳攪和。然後離爐攪一二分鐘。見色稍白。乃傾入印模中。越三四分鐘。開模卽成。

注意

印模爲二片合成。外套篠圈。裏面抹油一層。以免黏滯。

第二十節　蜜梨糕

材料

梨一斤。　細白糖一斤。　木樨醬二兩。　白粉半碗。

器具

糖鍋一只。　炭爐一只。　大盆一只。　槳一把。

製法

將梨去皮心。切成小塊。同白糖入鍋煎之。用槳攪和。然後加入木樨醬。少時復加白粉。再煎至濃凝為度。盛入大盆中。候冷再行食之。

注意

本品用山東嫩水梨為上。

第二十一節　蜜香蕉

材料

香蕉一斤。　玉盆糖一斤。　木樨醬半兩。

器具

糖鍋一只。　炭爐一只。　槳一把。　大口瓶一箇。

製法

將香蕉去皮。放入糖鍋內煎之。惟須將糖先煎濃厚。然後放入不多一刻。見已凝結。卽可盛入大口瓶內。以備他日食之。較生食爲甜。

注意

蜜香橙檳榔法同。

第二十二節　蜜海棠

材料

秋海棠二十朶。　蜜半碗。　橙汁十滴。

器具

飯鍋一只。　碗一只。　桑皮紙一方。　玻璃瓶一箇。

製法

將秋海棠花瓣去心。置於蜜中。貯放碗內。以桑皮紙封口。紙上密刺細孔。使其通氣。放在飯鍋蒸之。蒸三四次。揭去封紙。密藏瓶中。用時加以橙汁。芳香艷麗。異常可愛。

注意

依法製之。實勝於市售。

第九章　酒

第一節　人參酒

材料

吉林人參一只。　燒酒一斤。

器具

玻璃瓶一箇。　木塞一箇。

製法

將人參浸入燒酒瓶中。嚴閉其口。澆以火漆少許。或黏白蠟。月餘可飲。

活血滋補。

注意　惟性熱宜於三冬飲之。

第二節　茘枝酒

材料　鮮茘枝十只。　高粱酒一斤。　文冰二兩。

器具　玻璃瓶一箇。　木塞一箇。

製法　將鮮茘枝去殼。同文冰置入玻璃瓶中。然後將高粱酒澆下。盛滿塞口。閉封爲是。日久飲之。其味極勝。

注意　茘枝以嶺南產者味佳。殼薄。色鮮紫而多刺。皺紋極緊。閩中產者價廉。

色類豬肝無刺皺紋亦粗味遜色多矣。

第三節　珠蘭酒

材料　珠蘭二十朶。燒酒一斤。文冰二兩。

器具　玻璃瓶一箇。木塞一箇。

製法　將珠蘭同文冰。先行入瓶。然後將燒酒倒入。日久飲之。奇香奪人。

注意　茉莉薄荷香草代代花等類亦可。味各出色。

第四節　桑子酒

材料

桑子四兩。　高粱酒一斤。　文冰二兩。

器具

玻璃瓶一箇。　木塞一箇。

製法

將桑子同文冰入瓶浸於高粱酒中。月餘可飲。其味亦佳。

注意

其他如楊梅杏仁櫻桃香蕉枇杷波蘿蜜杏子蜜桔香櫞香橙金柑等菓子。均可如法浸酒。茲不復贅。

第五節　樟腦酒

材料

樟腦三兩。　羊躑躅花三兩。　高粱酒二斤。

器具

玻璃瓶一箇。木塞一箇。火漆少許。

製法

將樟腦煉淨。羊躑躅花研末。同高粱酒注入瓶中。塞以木塞。加燙火漆。越一星期。開蓋濾去其渣滓。仍藏瓶中。嚴塞乃可。

注意

偏正頭痛。歷節風痛。跌打痛。腰痛。腹痛。風痛脇痛等症。用酒擦痛處。無不應手而效。

第六節　木樨燒

材料

木樨米一斗。燒酒一缸。

器具

吊酒器全副。缸一只。

製法　將木樨米浸於副水中。然後下吊鍋吊花露。注入燒酒中。卽成金黃之木樨燒矣。

注意　再放入糖精或各種花露尤佳。

第七節　鏡面大糟

材料　白糯米一石。　麯粉十斤。　陳皮半斤。　川椒四兩。　礱糠灰少許。

器具　大缸一只。　耙一箇。　吊酒器全副。

製法　將白糯米先浸二日。漂淨瀝乾。然後上甑蒸之極透傾出。將飯倒於礱糠上。微温卽可下缸。先將椒皮煎湯。同麯粉拌入飯內。中挖一潭。蓋好。然後開耙打透。至百餘日。貯入絹袋榨之。將大酒糟用礱糠灰拌之。然後上甑。外套錫鍋吊之。卽成。

注意

以上二法。係壯飛叔爲吾言之。現辦壯飛釀酒廠。將出中國化的白蘭地酒。以挽回漏卮云。

第八節　國公燒

材料

高粱燒一小罎。　文冰半斤。　龍眼肉一兩。　蓮心一兩。　胡桃肉一兩。　松子仁一兩。　白果肉一兩。

器具

小罎一只。　箬籜三張。

製法 將龍眼肉蓮心胡桃肉松子仁白果肉等料各等分。和冰糖先行放入小罈中。然後將高粱燒灌入浸之。一月可飲。隨用一二杯。滋陰壯陽。

注意 蓮心須去心。以免苦味。

第九節 五茄皮

材料 五茄根莖。 牛膝。 丹參。 枸杞根。 金銀花。 松節。 枳殼。 枝葉各一大斗。 水三大石。 陳麯十二斤。 糯米一石二斗。 生地黃一斗。 牛蒡二斗。 大萆蔴子一斗。

器具 大鍋一只。

製法

將五茄根莖牛膝丹參枸杞根金銀花松節枳殼枝葉等料。用水放在大鍋中煎之。煎取六大斗。去渣滓澄清。將水浸麯。卽用糯米五斗蒸飯。取生地黃搗如泥。拌下。二次用糯米五斗蒸飯。取牛蒡子搗如泥拌飯下之。三次再用糯米二斗蒸飯。取大萆蔴子一斗。熬而搗之。務使細碎。亦拌飯下之。如天氣稍暖。打扒澄清。如酒味已好。然後去糟飲之。

注意

如天氣冷。酒則不發。再加陳麯投入。如味苦薄而不醇厚。再將糯米蒸飯二斗拌之。若飯乾不發。取諸藥料煎汁熱投。飲之令人肥健。

第十節　二仙酒

材料

高粱燒一小罎。　文冰半斤。　龍眼肉一斤。　桂花四兩。

器具

罎一只。蓋一箇。

製法

將龍眼肉及桂花二物。同文冰高粱燒浸入罎中。即成二仙酒。飲之安神悅性。

注意

能陳尤佳。

第十一節 百子酒

材料

燒酒十五斤。圓眼肉一斤。核桃肉一斤。枸杞一斤。冰糖一斤。

器具

罎一只。蓋一箇。絹袋一只。

製法

將圓眼肉核桃肉枸杞冰糖。一併納入絹袋中。入燒酒罎內。浸二十餘日。卽可取飲。

注意

黃酒十斤可耳。

第十二節　百果酒

材料

高粱酒五十斤。冰糖三斤。桂圓肉半斤。蓮心半斤。柏子仁三兩。松子仁三兩。橘餅半斤。核桃肉半斤。紅棗二十兩。香櫞二只。佛手二只。

器具

罎一只。蓋一箇。

製法

將以上各物。一同入罎浸之。嚴封其口。日久可飲。

注意

常飲補心血。

第十三節 屠蘇酒(二)

材料

大黃一錢七分。桔梗一錢七分。烏頭一錢五分。赤小荳十四粒。

川椒一錢七分。防風一兩。赤木桂心七錢五分。菝葜五錢。酒三斤。

器具

囊一箇。缽一箇。

製法

將以上各種藥料。盛入囊中。除夕懸井中。至明日清早取起。浸無灰酒中。煎四五沸。於元旦日飲之。可以辟邪降福。延年益壽。

注意

此法相傳爲醫仙華陀方也。其價值可知矣。

第十四節　屠蘇酒(二)

材料

大黃一錢。　桔梗一錢五分。　吳茱萸一錢二分。　川椒一錢五分。
白朮一錢八分。　烏頭六分。　防風一兩。　桂心一錢八分。

器具

刀一把。　囊一箇。　缸一只。

製法

將桔梗去節。川椒去核。白朮土炒。烏頭泡去皮臍。防風去蘆。然後同大黃吳茱萸桂心等物。用刀切成薄片。用三角絳囊盛之。除夕懸井中。至元旦寅時取出。置無灰酒中。煎四五沸。屠蘇酒卽成。飲時舉家東向自幼至長。次第飲之。藥渣可投入井中。歲掬此水飲之。一世無疫癘發生矣。

注意

如逢時疫流行。飲此可解疫癘一切不正之氣。

第十五節 簡易葡萄酒(一)

材料

鮮熟葡萄汁一斗。 麯粉四兩。

器具

罎一只。 笋籜三張。

製法

將鮮熟葡萄搗成汁。然後用麯粉攪勻。置入罎內。用蠟嚴封其口。日久即成。

注意

此用人工發酵法。

第十六節　簡易葡萄酒(二)

材料

蜜三斤。　水一斗。　麯粉二兩。　白酵二兩。

器具

瓶一箇。

製法

將蜜用水同煎。置入瓶內。候稍温。入麯粉。再加白酵。濕紙封口。放在溫處。自然成酒。飲之百脉流暢。氣運無滯。

注意
春秋五日。夏三日。冬七日。即成酒矣。

第十七節　偉痕葡萄酒

材料
熟葡萄百斤。

器具
竹篩一只。　桶一只。　臼一只。　瓶數箇。

製法
將熟葡萄置於竹篩。竭力攪之。使其球實盡落桶中。而去其梗。用杵搗爛。使成液汁。靜置數小時。傾入底有小孔之桶。使分出分實。其汁更傾入酵桶。任其天然成酒。須有十度十五度間之温度。大約二三日間。其汁因酵母細胞繁殖。漸生泡沫。而發生炭養氣。所含糖分。亦漸變酒質。

至第七日則盡成酒質。第十五日。則液澄淸。不現泡沫。此爲完全告成之證。然後另儲瓶中。隔絕空氣。封口後。燙以火漆。日久卽成。

注意

葡萄每百斤。大約可得液六十斤至七十斤之數。偉痕者。西名(Wine)譯音也。

第十八節　白蘭地

材料

葡萄酒十斤。

器具

過淋紙二三十張。　蒸溜器一具。　玻璃瓶數箇。

製法

將葡萄酒用過淋紙濾淸。再將此酒蒸溜之。則酒精愈多。卽成白蘭地。

注意
分盛各瓶。外貼商標。與外貨可相頡頏矣。

第十九節　黃精酒

材料
黃精四斤。　天門冬三斤。　松針六斤。　白朮四斤。　枸杞五斤。　水三石。

器具
缸一只。

製法
將黃精天門冬松針白朮枸杞等物。俱生同納鍋中。用水煮之。一日去渣。以清汁浸麯如家釀法。酒熟取清。便可供飲。常飲主治百病而延年。

注意

天門冬須去心。

第二十節　紫金酒

材料

黃酒十斤。　木香五錢。　官桂五錢。　乳香五錢。　羌活五錢。　川芎一兩。　羊躑躅五錢。　末藥五錢。　延胡一兩。　紫金皮一兩。　丹皮一兩。　五茄皮一兩。　鬱金一兩。　烏藥一兩。

器具

罎一只。　絹袋一只。　瓶一箇。

製法

將上列各物。共研粗末。裝入袋中。用黃酒煮三小時。分裝十瓶。每飲三五杯。立見痛止。若預飲此酒。至跌傷時可不發痛。非但止痛。並能治療百病。

注意

兼治一切瘋氣、跌打損傷、寒濕、疝氣、移傷定痛、血滯氣凝之類。

第二十一節　强身祛傷藥酒

材料

黃酒一罎。　當歸二兩。　川芎五錢。　赤芍八錢。　丹皮一兩。　青皮二兩。　陳皮五錢。　乳香二錢。　桃仁一兩。　山甲九錢。　官桂一兩。麥芽五錢。　山查一兩。　甘草五錢。　蘇木六錢。　通草二錢。　赤麯六錢。　砂仁四錢。　木耳五兩。　胡桃肉四錢。

器具

大紹酒罎一只。　絹袋一只。

製法

將上列各物。納入絹袋中。將袋再入酒罎之內浸之。用泥封口。月餘可飲。能强筋骨。

注意 治勞虛跌打內傷有奇效。

第二十二節　菖蒲酒

材料 菖蒲九節。糯米五斗。麯粉五斤。

器具 罎一只。

製法 將菖蒲搗汁。糯米蒸飯。同入麯粉內拌之使勻。乃放入罎中。密封二十一日。卽可開飲。溫服最宜。

注意

功能滋榮胃通血脈。治風痹痿黃等症。

第二十三節　白朮酒

材料

白朮二十五斤。　東流水二石五斗。

器具

缸一只。　刀一把。　大盆一只。

製法

將白朮用刀切成薄片。以流水浸於缸中。約二十日。去其渣滓。傾汁大盆中。夜露天井中五夜。汁盡變成血。取以浸麯作酒。取清服。亦能治百病。

注意

兼能生髮固齒。順肺美容。其功無量。

第二十四節　地黃酒

材料

肥大地黃一大斗。　糯米五升。　麴粉一大升。

器具

大盆一只。　罎一只。

製法

將地黃用刀切塊搗碎。再將糯米蒸飯麴粉研細。然後三物一併同入大盆中。揉熟相勻傾入罎內泥封約二十餘日。屆時開看上有一種綠液。是其精華。先可取飲之。味頗甘美。餘則用布絞汁收藏之。

注意

泥封時期春夏約二十一日。秋冬須二十五日。

第二十五節　天門冬酒

材料

醇酒一斗。　麯粉一升。　糯米五升。　天門冬五升。

器具

缸一只。

製法

將天門冬煎汁。用糯米淘淨浸之。再將醇酒浸麯粉。然後將米蒸飯。候稍溫。用煎汁和飯。令相投入缸中。春夏約七日。宜勤看。勿令熱。秋冬十日可熟。飲之清香無比。

注意

天門冬熟新年喜。麯米春香並舍聞。此東坡詩也。其美可知。

第二十六節　山芋酒

材料

山芋一斤。 酥酒三兩。 蓮肉三兩。 冰片半分。

器具 酒壺一具。

製法 將山芋去皮。加酥酒蓮肉冰片等同研如彈丸。每酒一壺。投藥一二丸。即成。

注意 熱服有益衞生。

第二十七節 五香酒

材料

糯米五斗。 酒麯十五斤。 白糖十五斤。 燒酒三大罈。 檀香木香

乳香川芎各一兩五錢。 丁香五錢。 人參四兩。 胡桃肉二百箇。

紅棗三升。

器具

缸一只。 吊酒器全副。 罎數只。

製法

將糯米先浸一宵。上甑蒸熟。攤開晾冷。再將酒麯碾細。拌之極和。置入缸中。用蓋蓋之。待其發微熱。加入白糖。幷加入燒酒檀香木香乳香川芎丁香人參胡桃肉紅棗等類。將缸口封固。勿使漏氣。每七日開打一次。仍封至四十九日。上榨後再行吊之。另儲以罎盛滿封口。卽成。

注意

檀香木香乳香川芎丁香人參等物。各研細末。然後用之。

第二十八節 建昌酒

材料

糯米一石二斗。　水一石二斗。　花椒一兩。　白麴三斤、紅麴一升。
白檀少許。

器具

缸一只。　小缸數只。　耙一箇。

製法

將糯米用水浸於缸內。中留一窩。另用糯米二斗煮飯攤冷。作一團放窩內。蓋好。待二十餘日飯浮漿酸。漉去浮飯。瀝乾浸米。先將米淘淨。鋪於甑底。將濕米次第上去。米熟略攤氣冷。翻在缸內。取濕米漿八斗及花椒煎沸。取出待冷。用白麴碾細。放入飯碗內。如天氣極冷。放暖處。用草圍一宵。明日早將飯分作五處。每放小缸中。用紅麴一升。白麴半升。取酵亦作五分。每分和前麴飯同拌勻。踏在缸內。將餘在熟罎打一次。仍蓋下。約一月。榨取澄清。併入白檀少許。包裹泥定。頭糟用熟水隨意副入。多二宿便可榨。十二月一月熟。十一月正月廿日熟。餘月不宜造。

第二十九節 香雪酒

材料

糯米一石。 白麯二十斤。

器具

缸一只。 扒一箇。

製法

先將糯米九斗。淘之極清。浸於缸中。米與水對充。水宜多一斗。再將糯米一斗淘淨。煮熟。埋米上。草蓋覆缸口二十餘日。候浮先瀝飯殼。次瀝起米。待乾煮飯。然後用原米浸米水放下白麯拌勻米殼。蒸熟放缸底。如天氣熱。略出火氣。拌勻後。蓋缸口一日打頭扒。去蓋半日打二扒。如天氣酷熱。須再出火氣。三扒打絕。仍蓋缸口。候熟卽成。

注意

米要白淘來淸打得透爲上法。

第三十節　松花酒

材料

松花一升。白酒一罎。

器具

罎一只。絹袋一只。

製法

將松花研細。盛入絹袋。在造白酒時。投袋於罎之酒中。浸井中三日取出。卽成。

注意

松花如鼠尾。三月間採取用之。

第三十一節　菊花酒

材料 菊花二斤。

器具 缸一只。

製法 將菊花去蒂揀淨後。置入糟內攪匀。次早榨。則味香清洌。

注意 薔薇蘭花桂花均可倣行之。

第三十二節　荷葉酒

材料 高粱酒一杯。　鮮荷葉一片。

器具 杯一只。

製法 將高粱酒用鮮荷葉浸之。不下三五分鐘。卽成碧綠之色。其色之鮮明。當不亞於西洋酒也。

注意 此酒清心消暑。宜於夏季飲之。

第三十三節 桃源酒

材料 糯米一斗。 白麯二十兩 水一斗。

器具 缸一只。 扒一箇。

製法

將糯米淘淨。煮成爛飯。入篚攤之稍冷。置入缸中。再將白麯切小塊。入水浸胖。投于缸中。用扒攪之如糜粥。待其發酵。更傾入二斗米飯嘗之。再候發酵。再傾入二斗米飯。即成。

注意

此酒製法。本自武陵桃源中得之。故名。

第三十四節 碧香酒

材料

糯米一斗。 白麯末二十兩。 水二十斤。

器具

缸一只。 罎一只。 桑皮紙三張。

製法

將糯米淘淸。浸於缸內。將一升煮飯。加入白麯末四兩。拌和之。用篘埋所浸水內。俟飯浮撩起。蒸九升米飯。拌白麯末十六兩。先將淨飯置入罎內。次以浸米飯置罎內。以原淘米漿水和入。用紙四五層密封之。春間數日而熟。

注意

天寒之時。約一月而熟。

第三十五節　千里酒

材料

高粱燒五碗。　天仙子一兩。　管象一兩。　川烏一兩。　甘菊花三錢。

陳皮五錢。　甘草一錢。　糯米一升。　麪粉一升。

器具

大瓶一箇。

製法

將糯米和高粱燒煮成薄粥。候冷。拌入以上藥末。置瓶封固。越二十一日取出。用麪粉炒黃研末。再一同煉蜜成丸。外抹酥油油箔爲衣。用時投一丸於沸湯中。卽成酒。法至善也。

注意

此法與茶甎性質相同。編者以爲不妨製成酒甎。運遠似覺便利。郵寄時亦可。有志者曷不起而圖之。

第三十六節　龍眼酒

材料

高粱酒三十斤。　龍眼肉三斤。　當歸半斤。　菊花半斤。　枸杞一斤。
白文冰一斤半。

器具

罎一只。蓋一箇。絹袋一只。

製法

將龍眼肉當歸菊花枸杞白文冰等納入絹袋中。紮緊其口。移入酒罎中浸之。約三星期可飲。

注意

此酒有補脾養胃祛風明目等功效。

第三十七節　七星醋

材料

陳黃米五斗。井水三担桶。

器具

罎一只。桑皮紙三張。

製法

將陳黃米浸七日。每日換水一次。至七日煮飯。乘熱下罎。撳平封閉。勿令出氣。第三日翻動。至第七日再翻轉。然後傾入井水。又封七日再攪再封。至三星期。卽成佳醋矣。

注意

在每年六月六日做之。

第三十八節　蘋菓醋

材料

蘋菓十只。　陳醋一杯。

器具

瓦罐一箇。　洋瓶一箇。　火漆少許。

製法

將蘋菓切碎。盛入瓦罐。加以陳醋。嚴封其口。待其發酵。二三月後。撈去渣滓濾淸裝於洋瓶中。用火漆封口。其味純美。隨時可取食之。

注意

食餘之蘋菓皮及心。受多亦可製成。誠廢物利用之一也。

第三十九節　千里醋

材料

鎭江醋五升。　烏梅肉一斤。（中國藥店有出售。）

器具

缽一箇。　盤一只。　瓶一箇。

製法

將鎭江醋盛於缽中。用烏梅肉浸之。時越一宵。取出晒於盤內。如是再浸再晒。以醋收盡爲止。然後碾爲細末。和麪餅製成丸。如梧桐子大。儲藏瓶中。食時以一二丸浸湯中。味勝醋精。

注意

麪餅宜先將醋浸濕。再行製丸。

第四十節 懶婦醋

材料

粳糯米一斗。 麯餅一箇。 水一斗五升。

器具

罎一只。 桑皮紙三張。

製法

將粳米糯米用籮淘淨。在秋社前一日。浸至次早正社日。入鍋煮飯。攤冷籭中。用麯餅碾細拌入飯內。置藏罎中。下以清水。用桑皮紙封固。一月而熟。第一次煎藏頭醋。第二次再煎沸水藏二醋。如是三次四次均可。

注意

麴餅在六月六日用小麥磨細和水拌好。每一升作餅一箇。風乾候用。

第四十一節 紹興酒——花雕

材料

糯米一百斤。 酒藥二十兩。 酒麴一石五斗。 水二百八十至三百二十斤。

器具

大缸一只。 酒耙一箇。 草製缸蓋一箇。 吊酒器全副。 罎十數只。

製法

將糯米在立冬時候。用清水浸於缸中。經二十日。去其米汁。另以水淘淨三四次。將米置甑內蒸成飯。再用冷水濾過。減其溫度。然後入缸內。加入酒藥酒麴淘米汁及清水。用酒耙攪勻。蓋以草蓋。經二三日。缸內温度漸高。並發聲音。見已發酵。更用酒耙攪拌。温度高。每日打十餘次。温度低。每日打四五次。約不滿十日。卽起氣泡。發出炭酸氣。至百餘日氣盡。乃將酒液榨過。入錫鍋煎之。去其浮起之雜物。一俟沸騰。藏入蒸乾罎中。包以箬籜。以泥密封。二三十年乃成。最優者年數愈多。色發赤。卽市名所謂花雕也。

注意

紹興卽黃酒。產自紹興。故名。爲夏少康所發明。自古稱爲酒王。其價值可知。故他處釀造。水須選醇厚無色味者爲上。蓋紹興之所以佳。在乎鑑河之水之醇厚耳。

第十章　菓

第一節　烘山芋

材料

山芋五只。

器具

炭爐一只。　鐵絲架一箇。

製法

將山芋洗淨。放在鐵絲架上。以火爐烘之。烘至皮黃焦時即可食。味甚香甜。

注意

若放入灶內火灰裏亦熟。一名甘藷。又名番薯。

第二節　烘毛荳

材料

毛荳二斤。　食鹽六兩。

器具

鍋一只。爐一只。鏟刀一把。竹篩一只。罐一箇。

製法

將毛荳子剝去其殼。取其子加食鹽淸水。入鍋煮之。乃熟。鏟起盛於竹篩中。去其水。置爐上烘之。烘乾。卽可藏於罐中。色綠味佳。

注意

本品較之爊青荳。更爲嫩美。

第三節　煨蛋

材料

雞蛋二枚。

器具

脚爐一箇。　柴心二根。　銀針一根。

製法

將雞蛋之一端。用銀針觸破。成一小孔。以柴心一根插入。約半寸許。置入脚爐內煨之。熟則以柴心提起。如不落。已熟。乃破殼食之。味亦香美。

注意

冬日小兒常煨食之。

第四節　莧滷蛋

材料

雞蛋十枚。　莧菜滷一升。　五香料少許。

器具

鍋一只。　爐一只。　筷一雙。　碗一只。

製法

將雞蛋用清水煮半熟。敲碎其殼。放莧菜滷中煮之。煮數透。卽成。用以下酒最佳。

注意

本蛋味較茶葉蛋爲優。

第五節　芥滷莧

材料

芥菜滷二升。　黃莧一升。　香料少許。

器具

鍋一只。　爐一只。　鏟刀一把。　碗一只。

製法

將莧菜滷傾入鍋中沸之。去其上層之汚。再將黃莧洗淨。倒入同煮。下以香料。以煎乾爲度。味極佳。

注意

本莧亦爲下粥佳品。

第六節　風荸薺

材料
嫩荸薺五斤。

器具
竹籃一只。

製法
將新鮮嫩荸薺洗淨。置竹籃中。懸於通風處。日久取食。鮮甜可口。

注意
鮮菱亦可以風乾食之。

第七節　巧菓

材料
糯米粉二升。菜油一斤。白糖半斤。（或用食鹽葱屑亦可。）黑芝蔴（或白）二合。　小粉少許。

器具

鍋一只。　爐一只。　棍一條。　廚刀一把。　剪刀一把。　爪籬一把。　飯桶一只。

製法

將糯米粉白糖以温水拌和。入鍋蒸熟。取出稍冷。用芝蔴小粉搨爽。以棍打薄。廚刀切成方塊。對摺成三角形。用剪刀向中角剪開成數條。邊上不可剪穿。然後以中間二角。向中縫穿過。對合揑緊。再以二端相合揑緊。卽成。做畢。晒乾。入滾油鍋煎透。見黃撩起。稍冷食之。味甚鬆脆。

注意

巧菓一名粉巧。俗稱烤菓。吾鄉又稱花籃。形象不一。有如花朶者。有如鳥獸者。有如龍蛇者。皆七巧日之巧菓也。

第八節　蔴葉

材料

麪粉二升。　黃糖六兩。　芝蔴二合。　小粉少許。

器具

鍋一只。　爐一只。　棍一條。　厨刀一把。　剪刀一把。　爪籬一把
飯桶一只。

製法

將黃糖烊成汁水。和麪粉芝蔴一同拌之。攤在檯上。用棍打之。至薄爲度。用厨刀切成長方塊。對摺剪成四條。用左手大拇指食指拿住中間二條。右手取着一端串入取出。遂搦住兩端。揹成西裝短領結狀。乃入油鍋汆之。黃熟乃佳。

注意

蘼葉亦曰麪巧。以上兩種。摺法複雜。皆由白髮祖母為余述者。祖母李。年已七十有五。精神矍鑠。今尚健在。

第九節　棉線煨蛋

材料　雞蛋一枚。

器具　棉紗線一根。

製法　將棉紗線在雞蛋上橫纏數匝。置灶內火灰中煨之。至熟不破。線亦不斷。香味頗佳。

注意　蛋以新鮮為衛生。檢查新陳之法。視其蛋端空隙處甚小。或竟無之為新。陳者則隙大。愈陳則愈大。若其空隙處與煮熟蛋之空隙等大。則已不堪用矣。

第十節　鹹烤杏仁

材料

杏仁半斤。　食鹽半兩。

器具

鍋一只。　爐一只。　鏟刀一把。　瓶一箇。

製法

將杏仁先投水中。然後撈入鍋中。用食鹽加文火炒之。片時起出。再投水內。復加食鹽平鋪鍋內。加熱。至微黃。將杏仁撈入再炒。烘乾盛起。稍冷藏於瓶中。食之香脆。

注意

鹹烤花生米法同。

第十一節　鮮荔枝羹

材料　鮮荔枝二十箇。白糖四兩。桂花少許。

器具　鍋一只。爐一只。鏟刀一把。碗一只。

製法　將鮮荔枝脫殼。然後入鍋加清水白糖煎之。煎至稀糊狀。再加桂花。少時可食。

注意　鮮荔枝羹鮮甜逾於桂花栗子。惟多食易發熱。而鼻齒出血。

第十二節　香蕉羹

材料
芝蔴香蕉三只。　玉盆糖半兩。　木樨醬少許。
器具
鍋一只。　爐一只。　碗一只。
製法
將香蕉去皮心。用刀切成細屑。入鍋加水煮沸。再行放下玉盆糖木樨醬。霎時可食。
注意
生香蕉。味發酸。忌用。

第十三節　蘋菓羹

材料
蘋菓四只。　玉盆糖半兩。　木樨醬眞粉少許。

器具

鍋一只。 爐一只。 碗一只。

製法

將蘋菓去皮核。煮滾。用玉盆糖木樨醬眞粉煮成膩。食之味頗甜美。

注意

用香橙檳榔等。味亦美。

第十四節 薄荷羹

材料

薄荷湯一大碗。 甜杏仁一杯。 玉盆糖半兩。 木樨醬半匙。

器具

鍋一只。 爐一只。 碗一只。

製法

將杏仁搗爛。冲水成漿。即行倒入鍋中同薄荷湯煮之。見已發膩。加下玉盆糖木樨醬煮一透。即可盛碗。用匙食之。

注意

食之清涼益神。

第十五節　炸菊片

材料

闊瓣菊花八朵。　玉盆糖半兩。　乾麪半杯。　油六兩。

器具

油鍋一只。　碗一只。　盆一只。

製法

將菊花去蒂。取其闊瓣洗淨。即將油鍋燒熱。再將玉盆糖乾麪用水拌成漿。然後以菊瓣黏麪漿。入油鍋炸片時即成。

注意

乘熱食之。益爲香脆。

第十六節 荸薺羹

材料

荸薺八箇。 雪梨半只。 文冰半兩。 木樨醬少許。 眞粉一盅。

器具

鍋一只。 爐一只。 刀一把。 碗一只。

製法

將荸薺雪梨用刀去皮。再切成薄片。入鍋煮之。待透。加以文冰木樨醬。二透放下眞粉漿。霎時可食。

注意

荸薺以嫩爲佳。

第十七節　炸桃片

材料　胡桃片二斤。白糖一斤。油二斤。

器具　油鍋一只。爪籬一把。磁缸一只。

製法　將桃片用麩皮同炒。將衣脫去。然後將油鍋燒沸。倒下桃片炸之。俟黃撈起。漏去油質。速入磁缸內拌以白糖。使遍滿爲佳。

注意　焦鹽桃片。其味亦妙。

第十八節　榛栗凍

材料

榛栗二十箇。 青梅露半杯。 文冰半兩。 木樨醬半匙。

器具

鍋一只。 爐一只。 刀一把 碗一只。

製法

將榛栗用熱水去殼。即可入鍋煮之。加以青梅露及冰糖。起鍋時另加木樨醬。食之易助消化。並能醒酒。

注意

剝皮須快。否則不易脫去。

家庭食譜四編終

素食養生論

孫齡公 楊章父譯 一冊 一角半

是卷以日人山崎今朝彌所述，北美總統羅斯福之衛生顧問開洛克之『食物養生實驗談』爲本．都八章．諸凡養生之道，及素食之所以主張等，均據生理哲學，闡精抉微，不遺餘蘊，爲攝生者之要書．

中華書局發行

(619)

民國十五年十月印刷
民國十五年十一月發行
民國十八年十月三版

©

△

家庭食譜四編（全一冊）

定價銀八角

（外埠另加郵匯費）

編者　常熟時希聖
發行者　中華書局
印刷者　中華書局
印刷所　上海靜安寺路二七七號　中華書局
總發行所　上海棋盤街　中華書局
分發行所　中華書局
北平 天津 張家口、邢台 保定
濟南青島太原開封西安蘭州成都
重慶長沙常德衡州漢口沙市南昌
九江安慶蕪湖南京徐州杭州蘭谿
福州廈門廣州汕頭潮州梧州雲南
貴陽 遂寧 吉林 長春 新加坡
（四五二一五）

書名：家庭食譜四編
系列：心一堂・飲食文化經典文庫
原著：【民國】時希聖
主編・責任編輯：陳劍聰

出版：心一堂有限公司
通訊地址：香港九龍旺角彌敦道六一〇號荷李活商業中心十八樓〇五一〇六室
深港讀者服務中心：中國深圳市羅湖區立新路六號羅湖商業大厦負一層〇〇八室
電話號碼：(852)9027-7110
網址：publish.sunyata.cc
淘宝店地址：https://sunyata.taobao.com
微店地址：　https://weidian.com/s/1212826297
臉書：　　　https://www.facebook.com/sunyatabook
讀者論壇：　http://bbs.sunyata.cc

香港發行：香港聯合書刊物流有限公司
地址：香港新界荃灣德士古道220～248號荃灣工業中心16樓
電話號碼：(852) 2150-2100
傳真號碼：(852) 2407-3062
電郵：info@suplogistics.com.hk
網址：http://www.suplogistics.com.hk

台灣發行：秀威資訊科技股份有限公司
地址：台灣台北市內湖區瑞光路七十六巷六十五號一樓
電話號碼：+886-2-2796-3638
傳真號碼：+886-2-2796-1377
網絡書店：www.bodbooks.com.tw
心一堂台灣秀威書店讀者服務中心：
地址：台灣台北市中山區松江路二〇九號1樓
電話號碼：+886-2-2518-0207
傳真號碼：+886-2-2518-0778
網址：http://www.govbooks.com.tw

中國大陸發行　零售：深圳心一堂文化傳播有限公司
深圳地址：深圳市羅湖區立新路六號羅湖商業大厦負一層008室
電話號碼：(86)0755-82224934

心一堂微店二維碼　心一堂淘寶店二維碼

版次：二零二零年十二月初版，平裝

定價：港幣　一百五十八元正
　　　新台幣　五百九十八元正

國際書號 ISBN 978-988-8583-56-0